松辽盆地页岩油地质特征与工程实践

Geological Characteristics and Engineering Practice of Shale Oil in the Songliao Basin

张君峰　徐兴友　白　静
刘卫彬　陈　珊　李耀华　等著

图书在版编目(CIP)数据

松辽盆地页岩油地质特征与工程实践/张君峰等著.—武汉:中国地质大学出版社,2021.12
ISBN 978-7-5625-5173-7

Ⅰ.①松… Ⅱ.①张… Ⅲ.①松辽盆地-油页岩-石油天然气地质-研究 Ⅳ.①P618.130.2

中国版本图书馆CIP数据核字(2021)第246312号

松辽盆地页岩油地质特征与工程实践		张君峰 等著
责任编辑:舒立霞	选题策划:张瑞生 段 勇	责任校对:徐蕾蕾
出版发行:中国地质大学出版社(武汉市洪山区鲁磨路388号)		邮编:430074
电 话:(027)67883511	传 真:(027)67883580	E-mail:cbb@cug.edu.cn
经 销:全国新华书店		http://cugp.cug.edu.cn
开本:880毫米×1230毫米 1/16	字数:301千字	印张:9.5
版次:2021年12月第1版	印次:2021年12月第1次印刷	
印刷:湖北睿智印务有限公司		
ISBN 978-7-5625-5173-7		定价:128.00元

如有印装质量问题请与印刷厂联系调换

序

松辽盆地是我国已产出石油最多的地区，为国民经济和社会发展作出了巨大贡献，在保障国家石油安全方面发挥着"压舱石"的重要作用。以此为代表，创立形成了领先世界水平的陆相页岩生油理论和陆相砂岩油田勘探开发技术。

松辽盆地为 25 个世界超级盆地之一。大庆、吉林等常规油田已进入特高含水期，而非常规油气资源非常丰富。盆地广泛分布的白垩系青山口组和嫩江组陆相页岩油潜力巨大，尤其是主体进入中高成熟阶段的青山口组。2016 年以来，中国地质调查局聚焦页岩油地质、工程技术难点，实施了陆相页岩油公益性地质调查，4 口井获得工业油流，特别是在长岭凹陷部署实施的吉页油 1HF 井获得日稳产 16.4m³ 的高产工业油流，实现了盆地南部深湖相页岩油重大突破。

《松辽盆地页岩油地质特征与工程实践》是中国地质调查局油气资源调查中心页岩油攻坚团队近年来关于松辽盆地陆相页岩油战略调查成果的集成。本书从松辽盆地青山口组页岩油发育的源储地质特征出发，阐述了松辽盆地陆相页岩油富集机制，明确了页岩油有利区分布与资源规模。本书主要有三方面的特色：一是深化了深湖相页岩油形成与富集地质理论，揭示了富有机质且富油气的优质页岩成因，建立了层理型和纹层型两大深湖相页岩油富集模式；二是丰富和发展了陆相页岩油"甜点"的地球物理预测方法，为陆相页岩油评价提供了技术支撑；三是揭示了超临界 CO_2 对页岩储层的改造机理，创新形成了超临界 CO_2 复合压裂工艺，成功实现了陆相高黏土含量页岩层系大型体积压裂。这些理论与技术的成功对我国陆相页岩油勘探开发具有重要的示范作用和借鉴意义。

科技专著，很重要的一点，就是理论与实践的紧密结合，成为具有重要借鉴和引领作用的典范。本专著是作者以扎实的科学素养对松辽盆地南部乃至整个盆地系统的研究，同时又是作者以专致求实的实践功底，亲自部署实施钻探取得重大成功，并系统总结提升的结晶。尽管我没有体验他们研究探索时的艰辛，但分享了他们发现时的喜悦。当时，油气资源调查中心团队主要在松花江南开展工作，我仍在松花江以北工作。吉页油 1HF 井获得高产，君峰与我通话时，他那兴奋的话语深深地留在了我的脑海里。现在，松辽盆地陆相页岩油已被世人瞩目，并已建立了古龙陆相页岩油国家级示范区，当然这也只是一个良好的开端。我衷心祝贺专著付梓出版，并希望以张君峰教授为代表的中国地质调查局油气资源调查中心的页岩油团队，能够继续为松辽盆地页岩油的规模效益开发贡献智慧与力量，为保障国家能源安全再创佳绩、再立新功。

孙龙德

中国工程院院士
2022 年 6 月 16 日

前　言

全球页岩油资源丰富,分布广泛。据 EIA(2015)发布,世界 46 个国家页岩油技术可采资源量为 469.70 亿 t,美国(106.08 亿 t)、俄罗斯(102.30 亿 t)、中国(43.52 亿 t)位居前三。2000 年以来,随着水平井和分段压裂技术在页岩油勘探开发中的探索应用,美国先后实现了 Bakken、Eagle Ford、Permian、Niobrara、Anadarko 等多个层系页岩油的商业性开发,2020 年页岩油产量达到 3.5 亿 t,占其石油总产量的 50% 以上,打破了世界石油格局,实现了能源独立。

中国陆相页岩油资源潜力巨大,是常规油气重要且现实的资源接替领域。近年来,我国已在鄂尔多斯盆地三叠系延长组、松辽盆地白垩系青山口组、准噶尔盆地二叠系芦草沟组、渤海湾盆地古近系沙河街组和孔店组、四川盆地侏罗系凉高山组和自流井组、柴达木盆地古近系干柴沟组、苏北盆地古近系阜宁组、江汉盆地古近系潜江组以及南襄盆地古近系核桃园组 9 个盆地、11 套层系取得了陆相页岩油勘探重大突破与重要进展,展现了我国陆相页岩油广阔的发展前景。陆相页岩油在保障国家能源需求、实现我国"稳油增气"的发展目标等方面有着重要的作用,对促进我国经济社会高质量发展具有重要的意义。国家能源局已将全力推动页岩油勘探开发加快发展和加强页岩油勘探开发列入"十四五"能源、油气发展规划。

松辽盆地是我国油气资源富集的大型陆相盆地,在保障国家能源安全方面发挥着不可或缺的作用。历经 60 多年的勘探,随着勘探程度的不断深入,松辽盆地已基本进入非常规油气勘探开发阶段。上白垩统青山口组富有机质页岩在松辽盆地广泛发育,具有可观的陆相页岩油资源前景。由于特殊的地质条件,松辽盆地青山口组页岩与北美海相页岩、中国其他盆地陆相页岩有显著差异,青山口组页岩主要沉积于半深湖—深湖相,黏土矿物含量远高于国内外其他盆地页岩且具有显著的非均质性。高黏土矿物含量的深湖相页岩油勘探开发存在着诸多地质与工程关键科学问题,如优质页岩储层的形成机理、纯页岩型页岩油富集规律、有效的储集层改造技术等,这些问题制约了半深湖—深湖相纯页岩型页岩油勘探成功率。因此,亟待开展有针对性的地质及工程技术攻关,助力深湖相页岩油早日实现其效益开发。

为服务国家能源资源安全保障和东北振兴国家战略,贯彻落实国家关于大力提升油气勘探开发力度、保障国家能源安全的重要批示精神和建设"百年大庆"的工作要求,中国地质调查局在松辽盆地实施了页岩油科技攻坚战。按照中国地质调查局党组的统一部署,2017 年开始,中国地质调查局联合中国石油大庆油田、吉林油田在松辽盆地开展联合攻关,本着公益性、前瞻性和战略性的工作定位,瞄准资源潜力大但尚未实现实质性突破的深湖相页岩油领域展开战略调查和科技攻关,在页岩油富集模式与工程技术方法等方面取得多项创新,首次在松辽盆地青山口组高黏土页岩区获得页岩油调查重大突破,开辟了松辽盆地油气资源接替新领域。

本书在松辽盆地青山口组页岩油战略调查成果的基础上,系统分析了松辽盆地青山口组页岩油富集地质条件,落实了页岩油有利区分布与资源规模,总结形成了深湖相页岩油富集机理,创新了页岩油测井评价与地震综合预测技术,形成了以超临界二氧化碳复合压裂工艺技术为代表的工程技术方法,以期为中国陆相深湖相页岩油的勘探开发提供借鉴和参考。

(1)基于最新的钻探成果,结合最新的有机地球化学分析和储层孔隙结构实验测试结果,系统分析了松辽盆地青山口组页岩油源储地质特征,查明了深湖相页岩油富集成藏主控因素。松辽盆地青山口组沉积期为松辽盆地主要坳陷发育期,地形平缓,构造稳定,水动力条件稳定,为页岩的广泛发育提供了有利的基础地质条件。最大湖泛期形成的青山口组一段富有机质页岩是最有利的页岩油富集层段。微咸水、缺氧、还原的稳定深湖环境，为页岩中有机质的形成、聚集和保存提供了有利条件。广泛分布的顶底板为页岩油保存提供了有利条件。青山口组一段页岩发育无机孔与微裂缝复合的储集系统，为页岩油的富集提供了有效的储集空间。

(2)建立了深湖相页理型和纹层型两大陆相页岩油富集模式。基于多方法分析证实页理型页岩油富集模式具有较高的生烃能力，总体含油量大，孔隙类型以较小的黏土矿物晶间孔为主，水平层理缝及高角度构造裂缝发育，改善了储集性能，提高了页岩油可动性；纹层型页岩油富集模式生烃能力较好，总体含油量较高，发育较大的脆性矿物粒间孔，可动油含量高。这两大富集模式的建立证实了陆相半深湖—深湖相纯页岩具备富集页岩油的有效储集层，纯页岩型页岩油具备开发潜力。

(3)形成了地质与地球物理相结合的陆相页岩油"甜点"综合预测方法。基于松辽盆地陆相页岩油富集模式，提出了以岩相评价为基础，可动性、可压性评价为核心的页岩油"甜点"定量评价方法，建立了地质-工程双要素的测井综合评价方法，提出了页岩油"甜点"指数计算方法，实现了对页岩油"甜点"的定量评价。基于双相介质理论，建立了页岩储层烃类检测模型，形成了陆相页岩地球物理"甜点"预测技术。

(4)创新形成了陆相页岩油钻探与储层改造关键技术方法。一是针对深湖相高黏土矿物含量页岩的钻探难点，总结形成了复杂页岩储层安全高效钻井技术；二是首次在页岩油领域创新使用超临界二氧化碳＋高黏液造缝复合压裂工艺实现高黏土页岩大型体积压裂。

(5)基于综合研究结果，夯实了页岩关键地质参数，全面评价了松辽盆地青山口组页岩油资源潜力。综合评价认为松辽盆地青山口组页岩油有利区面积可达 1.1 万 km^2，计算页岩油地质资源量可达 75 亿 t，古龙凹陷、长岭凹陷、齐家凹陷及三肇凹陷具有较好页岩油资源潜力。综合分析指出，松辽盆地青山口组一段页岩油资源潜力巨大，有望成为常规油气现实的接替领域，是油田企业可持续发展的重要资源保障。

本书共分 8 章，第一章由张君峰、徐兴友、白静执笔，第二章由李耀华执笔，第三章由刘卫彬执笔，第四章由徐兴友执笔，第五章和第六章由白静执笔，第七章由陈珊执笔，第八章由刘卫彬执笔。全书由张君峰、徐兴友、白静统稿与定稿。

本书的出版得到了中国地质调查局油气资源调查中心和中国地质调查局非常规油气地质实验室的大力支持。在项目的实施以及本书的编写过程中笔者还得到了中国石油吉林油田、中国石油大庆油田和中国地质调查局沈阳地质调查中心领导与专家的指导与帮助，得到了李阳院士、康玉柱院士、乔德武研究员、高瑞祺教授、陈永武教授等的关心与指导。在此笔者向所有曾对本书相关工作开展给予关心、帮助与支持的领导与专家表示衷心的感谢。

由于水平有限、时间仓促，本书难免存在不妥之处，敬请读者批评指正。

笔 者
2021 年 6 月

目 录

第一章 页岩油勘探开发与理论技术研究进展 (1)
- 第一节 国内外页岩油勘探开发进展 (1)
- 第二节 页岩油地质理论研究现状 (6)
- 第三节 页岩油勘查技术发展现状 (12)

第二章 松辽盆地白垩系地质特征 (15)
- 第一节 区域构造特征 (15)
- 第二节 地层发育与含油气组合特征 (18)
- 第三节 沉积与演化特征 (22)

第三章 松辽盆地青山口组页岩油源储地质特征 (28)
- 第一节 青山口组页岩空间发育特征 (28)
- 第二节 烃源岩地球化学特征 (30)
- 第三节 页岩储层地质特征 (37)

第四章 松辽盆地青山口组深湖相页岩油富集机制 (47)
- 第一节 优质页岩成因 (47)
- 第二节 有利岩相划分与识别 (52)
- 第三节 可动油分布及其影响因素 (59)
- 第四节 深湖相页岩油富集模式 (70)

第五章 松辽盆地青山口组页岩油有利区优选与资源潜力评价 (71)
- 第一节 松辽盆地青山口组页岩油评价单元划分与有利区优选 (71)
- 第二节 松辽盆地青山口组页岩油资源潜力评价 (75)

第六章 深湖相页岩油测井评价方法 (80)
- 第一节 页岩非均质性测井评价方法 (80)
- 第二节 页岩"甜点"要素地质与测井综合评价 (89)
- 第三节 页岩油"甜点"综合评价 (103)

第七章 深湖相页岩油地震综合预测技术 (107)
- 第一节 页岩储层裂缝预测 (107)
- 第二节 页岩储层含油气性检测 (112)
- 第三节 页岩油"甜点"地球物理综合评价 (119)

第八章　深湖相页岩油工程技术实践 ………………………………………………………………（121）

　第一节　青山口组深湖相页岩工程难点与技术风险 …………………………………………（121）

　第二节　复杂页岩储层安全高效钻井技术 ……………………………………………………（123）

　第三节　超临界二氧化碳储层作用机理 ………………………………………………………（129）

　第四节　超临界二氧化碳复合压裂工艺实践及改造效果分析 ………………………………（133）

主要参考文献 ………………………………………………………………………………………（139）

第一章　页岩油勘探开发与理论技术研究进展

第一节　国内外页岩油勘探开发进展

一、国外页岩油资源潜力与勘探开发进展

全球页岩油资源丰富，分布广泛。据美国能源信息署(EIA)数据，截至2017年底，全球页岩油地质资源总量9368.35亿t，技术可采资源量为618.47亿t，主要分布在北美和欧亚大陆。北美地区页岩油技术可采资源量为183.68亿t，占比30%；其次为包括俄罗斯在内的东欧地区，技术可采资源量为114.73亿t，占比19%；亚太地区技术可采资源量为112.69亿t，占全球的18%。排名前三的国家依次为美国(21%)、俄罗斯(14%)和中国(7%)；全球超过100个盆地赋存有页岩油，排名前三的分别为西西伯利亚盆地(16.5%)、二叠系盆地(10.5%)和西墨西哥湾盆地(5.1%)。

美国页岩层系分布广泛，页岩油主要分布在巴肯(Bakken)、伊格尔福特(Eagle Ford)、二叠(Permian)、奈厄布拉勒(Niobrara)、阿纳达科(Anadarko)、海因斯维尔(Haynesville)等区带，其中，超过60%的页岩油资源量分布在西海岸二叠盆地Monyerey页岩区，15%分布在落基山Bakken页岩区，14%分布在墨西哥湾海岸Eagle Ford页岩区，7%分布在西南部Barnett-Woodford页岩区。美国页岩油开发主要始于二十一世纪初，2010年以来页岩油产量迅增，2016年产量为2.12亿t，占原油总产量的52.6%，2020年美国页岩油产量达3.5亿t，占其石油总产量的50%以上，石油年产量超过沙特阿拉伯，居世界第一。加拿大是继美国之后世界上第二个成功开发页岩油的国家，2013年加拿大页岩油平均日产量为34万bbl，接近其原油总日产量(352万bbl)的10%，产区全部集中在该国的西部省份的艾伯塔省、马尼托巴省和萨斯喀彻温省。2014~2015年，受世界油价冲击，加拿大页岩油投资放缓。除此之外，阿根廷、俄罗斯、澳大利亚等国家积极开展页岩油勘探工作，已获得工业发现。阿根廷Neuquen盆地上侏罗统Vaca Muetra组页岩油勘探取得重大突破，预计可采储量为25.76亿t。俄罗斯页岩层系石油勘探主要集中在西伯利亚盆地Bazhenov页岩，目前，单井产油量可达50~1700m^3/d。2013年，澳大利亚自然资源公司林肯能源宣称在阿卡林加盆地(Arckaring Basin)发现了储量达2330亿bbl的世界级页岩油田。

北美页岩油的成功主要得益于海相页岩层系特征及先进的水平井钻探技术、规模压裂技术与平台式"井工厂"作业高效开发模式。北美海相页岩层系具有分布稳定、有机质丰度高、热成熟度适中、脆性矿物含量高、埋藏浅等特点，页岩油资源丰富，勘探难度相对较小。北美水平井技术装备先进，水平井钻探成本较低。压裂技术水平提高较快，压裂规模从小型化向大型化发展，压裂层数从单层向多层发展，压裂井型从直井向水平井发展，形成了直井分层压裂、水平井分段压裂、重复压裂、同步压裂等多种压裂技术及配套工艺，成为页岩油等非常规油气资源经济有效开发的核心技术。平台式"工厂化"作业模式

主要是基于井间接替策略，采用丛式水平井钻井、同步压裂或者交叉压裂的作业方式，在一个井场进行数十口井同步作业，节约土地、降低成本，突破了一个井场单井开采效益差的难题，为实现页岩气等非常规油气资源经济开发提供了高效运行模式。

二、中国陆相页岩油地质特征与资源潜力

中国陆相页岩主要发育在中—新生代地层，具备页岩油规模富集的有利地质条件。陆相页岩分布范围广，在大型盆地发育规模大，陆相页岩沉积厚度大，一般高有机质丰度页岩厚度在50~150m之间。陆相页岩有机质丰度高，TOC一般在2%~8%之间，有机质类型以Ⅰ~Ⅱ$_1$型为主，有机质生烃潜力高，热演化程度在0.5%~1.5%之间，处于成熟—高成熟大量生油阶段。陆相页岩发育大量粒间孔、晶间孔、微裂缝等页岩油有效储集空间。陆相页岩中滞留烃含量高，一般热解S_1在1%~10%之间，松辽盆地北部青山口组一段页岩热解S_1最高可达12%。除此之外，陆相页岩一般埋深在1000~4500m之间，部分页岩中含有一定天然气，气油比在50~200m^3/t之间，大部分盆地发育超压，压力系数一般在1.1~1.8之间，这些条件均利于后期开发。但是陆相页岩也具有其特殊性，勘探开发工程技术上存在难点。受陆相沉积环境变化频繁的影响，页岩分布不稳定，非均质性强。大部分页岩时代新，埋藏浅，成熟度低，成岩程度较低，黏土矿物含量较高，岩石脆性弱，钻探及压裂工程难度大。部分盆地构造演化剧烈，断裂系统复杂，油气保存条件受到影响。

中国页岩油资源丰富、资源潜力大已形成共识。美国能源信息署2012年评价我国页岩油技术可采资源量为43.7亿t，居世界第三位；自然资源部油气资源战略研究中心2012~2013年评价我国陆相页岩油地质资源量为402亿t，可采资源量为37亿t；中国石油化工股份有限公司（简称"中国石化"）2014年评价我国陆相页岩油地质资源量为204亿t；中国石油天然气股份有限公司（简称"中国石油"）2017年评价我国中高成熟度页岩油资源量为132亿t，中低成熟度页岩油原位转化技术可采资源量为700亿~900亿t。"十三五"资源评价结果显示我国陆相页岩油资源潜力为283.26亿t，可采资源量为23.9亿t。中国陆相页岩油资源分布广泛，总结起来主要分布在五大盆地，5套层系内，具体包括西北地区准噶尔盆地及三塘湖盆地二叠系，中部地区鄂尔多斯盆地三叠系，四川盆地侏罗系，东北地区松辽盆地白垩系及东部地区渤海湾、江汉等断陷盆地古近系泥页岩层系。5个大型盆地页岩油地质资源量为245.87亿t，占全国的86.6%。

三、中国陆相页岩油勘探历程与主要盆地勘探进展

中国陆相页岩油的发现最早可追溯到20世纪60年代，渤海湾盆地济阳坳陷辛3井在沙河街组三段下亚段泥页岩见严重油气侵和井涌，到80—90年代，多个盆地在页岩段见到丰富的油气显示，但是当时一直认为是泥岩裂缝油藏，未能引起足够重视。中国页岩油真正引起重视及勘探发展大致划分为如下2个阶段。

2004—2014年（概念引入与初步探索阶段）：2004年，我国开始引入页岩气概念，在原国土资源部、中国地质大学（北京）、中国石油、中国石化等部门推动下，开展了美国页岩气地质理论和开发技术跟踪研究，同时也开始关注致密油、页岩油概念与北美页岩油勘探开发进展。2010年以后，中国石油、中国石化等石油公司在多个盆地对页岩油进行了探索，钻探了一批探井和参数井，由于地质认识、工程工艺不成熟，产量衰减很快。中国石油与荷兰皇家壳牌公司、中国石化与加拿大赫氏公司开展了合作，都没有形成商业突破。渤海湾盆地济阳坳陷部署实施了BYP1井、BYP2井、BYP1-2井、LY1HF井4口页

岩油专探井,4口井均获得了低产页岩油流,但由于页岩热演化程度较低,页岩油密度大、可流动性差,工程工艺技术的适应性较差,未取得预期效果。中国石化在四川盆地侏罗系千佛崖组二段部署实施了YYHF1井,对1051m水平段,10段压裂,每段2簇射孔,试油获页岩油14t/d,气0.72万m^3/d,累计产油2934t、产气305.32万m^3。南襄盆地泌阳凹陷古近系核桃园组安深1井直井压裂试获最高日产油4.68m^3,BY1HF井垂深为2450m,对1044m水平段实施15级分段压裂,最高日产油20.5t;BY2HF井垂深为2816m,对1402m水平段实施22级分段压裂,最高日产油25t。渤海湾盆地辽河坳陷曙古165井在古近系泥页岩段获日产24m^3的工业油流;松辽盆地古龙凹陷青山口组一段古平1井、英12井等井均获工业油流;准噶尔盆地吉木萨尔凹陷吉174井、吉172H井等获得工业油流。

2014年至今(认识深化与工业发现阶段):在国家科学技术部的支持下,中国石化、中国石油牵头先后启动了"973计划"项目"中国东部古近系陆相页岩油富集机理与分布规律"、国家科技重大专项"中国典型盆地陆相页岩油勘探开发选区与目标评价",重点围绕陆相页岩油"甜点"预测、可流动性和可压裂性进行技术攻关,揭示了陆相页岩油赋存、流动和富集机制,形成了页岩油储层表征、含油性评价、"甜点"预测和资源评价等技术,建立了基于地质工程一体化的页岩油选区评价方法。同时针对性开展水平井钻完井技术及复杂缝网体积压裂技术攻关,页岩油勘探开发工程技术快速发展,为我国页岩油实现商业开发奠定了基础。2017年以后,中国地质调查局以及中国石油和中国石化先后在准噶尔、渤海湾、鄂尔多斯、松辽、苏北、江汉、柴达木以及南海北部湾等多盆地多层系获得页岩油勘探重大突破,实现了页岩油商业发现,一批生产井产量稳定。目前已经建成准噶尔盆地吉木萨尔、松辽盆地古龙和渤海湾盆地济阳坳陷3个国家级陆相页岩油示范区。

1. 鄂尔多斯盆地

鄂尔多斯盆地页岩油主要富集在三叠系延长组7段烃源岩发育层系内,页岩油有利勘探面积达到1.2万km^2。延长组7段(长7段)沉积期,鄂尔多斯盆地发育典型的内陆坳陷淡水湖盆,依次沉积长7段3亚段(长7_3亚段)、长7段2亚段(长7_2亚段)和长7段1亚段(长7_1亚段)。中国石油长庆油田按照岩性组合、砂地比、连续砂体厚度等因素,将长7段页岩油划分为3种类型,依次为:Ⅰ类——多期叠置砂岩发育型;Ⅱ类——页岩夹薄层砂岩型;Ⅲ类——纯页岩型(付金华等,2020)。Ⅰ类页岩油主要发育在长7_1和长7_2亚段,长庆油田以寻找鄂尔多斯盆地长7_{1-2}亚段富有机质泥页岩层系中的砂质岩类夹层甜点为目标,发现并探明了10亿t级的庆城页岩油大油田,2019—2021年累计提交页岩油探明储量10.52亿t。2021年庆城油田页岩油产量达到131万t,长庆油田率先建成了中国第1个百万吨整装页岩油开发区(付锁堂等,2020;李国欣等,2021)。与长7_{1-2}亚段的砂岩夹层相比,长7_3亚段砂岩夹层的厚度更薄、纵向和横向连续性更差、粒度更细、储层非均质性更强,与其相邻的泥页岩的厚度更大、有机质丰度更高,主要发育Ⅱ类和Ⅲ类页岩油。经过10余年的探索,长庆油田针对长7_3亚段厚层状泥页岩段,在直井中开展了体积压裂改造试验,累计试验30口井,其中14口井获工业油流,城页1井、黄14H2井、岭页1H井测试求产分别获日产121.38t、138.21t、116.8t高产工业油流,实现了长7_3亚段厚层状泥页岩段产出页岩油的突破,但试采证实其稳产难度很大。

除此之外,陕西延长石油在伊陕斜坡多口探井获工业页岩油流,其中,吴页平1井、罗探平19井、富探平1井初始日产油分别为163t、91t、27t,落实定边、吴起、志丹、富县、下寺湾等5个页岩油规模发育区,累计落实三级地质储量1.92亿t,探明地质储量6600万t。

2. 松辽盆地

松辽盆地页岩油主要富集在上白垩统嫩江组、青山口组泥页岩层系内,由于嫩江组页岩成熟度相对较低,目前松辽盆地页岩油勘探开发重点集中在青山口组。青山口组沉积时期为湖泛期,湖盆范围广,沉积了大面积的青山口组一、二段黑色泥岩和页岩。青山口组页岩分布厚度大,一般为70~90m,有机质丰度较高,TOC主体超过2%,R_o处于0.7%~1.5%之间,在古龙凹陷页岩有机质成熟度超过1.0%。

2016年以来,中国地质调查局组织实施松辽盆地陆相页岩油科技攻坚战,针对青山口组部署实施的7口钻井均获工业油流,其中,松辽盆地北部松页油1HF井、松页油2HF井日产页岩油分别为14.37m^3、10.06m^3,松辽盆地南部吉页油1HF井日产页岩油16.4m^3,引领带动了松辽盆地的页岩油勘查。2018年以来,中国石油大庆油田依靠科技进步加强页岩油的勘探,部署钻探的古页油平1、英页1H、古页2HC等重点探井获日产油35m^3以上且试采稳定,其中古页油平1井生产超500d,累产油气当量近万吨,在古龙凹陷已有43口直井出油,5口水平井获高产,落实含油面积1413km^2,2021年青山口组新增石油预测地质储量12.68亿t,实现松辽盆地陆相页岩油重大战略性突破,大庆古龙陆相页岩油国家级示范区建设稳步推进。在松辽盆地南部,中国石油吉林油田开始针对青山口组页岩油开展勘探评价和开发先导试验,相继部署了10余口页岩油评价井,新380、黑197、大86等多口井获得工业油流,完成开发试验水平井67口,黑197和黑98井区先导试验取得重要突破,累产页岩油16.8万t。

3. 渤海湾盆地

目前,渤海湾盆地页岩油勘探主要集中在济阳坳陷和沧东凹陷,勘探层系分别为古近系沙河街组和孔店组泥页岩地层,这两个地区是目前页岩油勘探进展较快的区域。

济阳坳陷页岩油是在陆相断陷咸化湖盆沉积的半深湖—深湖相富有机质、富碳酸盐页岩中富集的中—低与中—高热演化程度并存的页岩油,页岩分布广,沙四上亚段、沙三下亚段及沙一段3套富有机质页岩厚度大于50m区域的面积均超过6800km^2;页岩有效厚度大,多数洼陷3套富有机质页岩厚度可达300~500m以上,页岩油资源潜力大、丰度高。中国石化胜利油田初步评价济阳坳陷沙河街组页岩油有利面积1105km^2,资源量40.45亿t,截止目前,胜利油田在济阳坳陷68口页岩发育段进行测试,其中40口井初产达到工业油气流标准,累计产油超过11万t。2018年底,樊159井沙河街组四段泥页岩压裂试油初产油19.7t/d,气4371m^3/d。2020年以来,胜利油田在渤南、博兴、牛庄等多个洼陷、多种类型、多套层系相继取得重大战略突破,在济阳坳陷牛斜55等直斜井压裂测试获日产69.6t工业油流基础上,甩开部署钻探义页平1井、樊页平1井、牛页1-1井等风险探井,分别获初始日产93.1t、171t、108t的高产工业油流,其中,博兴洼陷义页平1井11个月累计产油1.26万t,提交预测地质储量3.85亿t,展现了济阳坳陷页岩油良好的勘探开发前景。近日,牛庄洼陷第一口长井段页岩油水平井牛页1-2HF井成功投产,峰值日产油到242.7t/d,胜利油田济阳坳陷页岩油产量再创新高。2021年11月,胜利油田上报首批预测页岩油地质储量4.58亿t,初步测算该地区页岩油资源量达到40亿t以上,将成为我国东部增储上产的现实接替领域。

沧东凹陷属于渤海湾盆地黄骅坳陷新生代断陷湖盆,古近系孔店组二段(简称孔二段)页岩油富集层系主要形成于湖盆的半深水—深水沉积区,为典型的深盆湖相纹层型页岩层系,纵向厚度可达到400m,页岩油资源潜力大、前景广阔(赵贤正,2021)。中国石油大港油田针对沧东凹陷孔二段开展了页岩油攻关,15口井获得高产油流,官东6×1井日产油28.49t,官1608井日产油47.1t,证实了孔二段页岩油勘探潜力。2017年,部署两口先导试验井GD1701H和GD1702H获得标志性突破,最高日产油达68.3t,标志着水平井突破湖相页岩型页岩油工业油流关,稳定生产700余天,累产油达2.0万t。通过评价,大港油田落实沧东凹陷孔店组二段页岩油甜点面积260km^2,资源量超过6.8亿t。2020年以来部署的官页1-1-9H井日产油达118t。目前累计投产井35口,平均单井日产油10.3t,预计全年产油8万t。除了对沧东凹陷孔二段外,大港油田开展了歧口凹陷沙河街组页岩油攻关,部署的歧页10-1-1

井、歧页1H井分别试获日产80t、41.2t高产工业油流，开辟了渤海湾盆地页岩油勘探开发新区新层系。

4. 准噶尔盆地

准噶尔盆地页岩油主要富集在玛湖凹陷下二叠统风城组、吉木萨尔凹陷中二叠统芦草沟组及克拉美丽山前中二叠统平地泉组。2011年，中石油新疆油田针对这三个区域进行页岩油勘探，分别部署风南7井、吉25井、火北2井，均获得工业油流，拉开了页岩油勘探序幕，其中吉木萨尔凹陷芦草沟组页岩油勘探开发进展最快，建成了我国第一个陆相页岩油示范区。

吉木萨尔凹陷芦草沟组整体上为一套优质烃源岩，烃源岩厚度大，其中芦草沟组一段厚度普遍大于100m、二段厚度普遍大于50m，优质甜点层分别在两段的上部，也是有机碳含量高的层段。烃源岩包括泥质岩类、白云岩类和灰岩类3种类型，不论何类岩性，其总有机碳含量和生烃潜力均较高，有机质丰度高，以 I 型与 II_1 型为主。多数烃源岩样品的有机碳含量大1.0%，平均TOC为3.24%，R_o为0.66%～1.63%，烃源岩处于低成熟－成熟演化阶段。中国石油新疆油田积极推进地质工程一体化攻关与开发先导试验，继吉25井页岩油勘探突破后，吉174等多井获高产稳产工业油流，完钻水平井187口，平均单井日产油14.7t，建成产能135万t，2021年产油50万t。在吉木萨尔芦草沟组累计落实页岩油三级地质储量超5亿t，其中，探明地质储量1.53亿t，预测地质储量3.01亿t。

中国地质调查局在博格达山前带实施钻探的新吉参1井在芦草沟组试获日产1.8万 m^3 工业气流，新永地1井测试获得工业油气流，初步预测准南山前带东段油气资源量达12.6亿t。

5. 四川盆地

四川盆地发育侏罗系自流井组东岳庙段、大安寨段和凉高山组3套湖相页岩，页岩TOC含量一般大于1.0%；有机质类型为 II_1 — II_2 型，3套页岩均具有较好的生烃潜力；R_o 值为1.0%～1.82%，热演化程度为中等偏高。页岩厚度大、分布面积广，页岩平均孔隙度为4%～9%，页理缝发育。页岩发育纯页岩型、页岩－碳酸盐岩互层型、页岩－砂岩互层型3种组合样式。

早在2012年，中国石化勘探分公司针对侏罗系陆相页岩油进行了探索，在涪陵海相页岩气勘探取得重大突破之前，侏罗系陆相页岩油气勘探已经取得重要成果，14口井已经在侏罗系自流井组、千佛崖组泥页岩层系测试获得工业油气流，其中元坝9井日产油16.6t，日产气1.22万 m^3，元坝HF-1井日产油14t，日产气0.72万 m^3。2018年以来，侏罗系页岩油勘探取得突破性进展，中国石化在川东北针对凉高山组部署的泰页1井水平井测试日产油58.9m^3、气7.35万 m^3，累计试采53d，累产油1208m^3、气164万 m^3；针对东岳庙段部署的涪页10井试获日产油17.6m^3、气5.58万 m^3。中国石油在川东北平昌构造带部署的平安1井试获日产油112.8m^3、气11.45万 m^3 高产页岩油气流，拓展了四川盆地油气勘探新层系新类型。

6. 柴达木盆地

柴达木盆地英雄岭构造带位于柴西坳陷内，发育古近系下干柴沟组厚层富有机质页岩。有效烃源岩分布面积近3650km^2。有机碳含量平均0.91%，氯仿沥青"A"为0.05%～1.00%，R_o 为0.6%～1.3%，有机质类型以 I — II 型为主。相对于其他盆地，柴西坳陷下干柴沟组上段烃源岩TOC值较低，但生烃潜量更高，同样具有较高的氢指数（HI）。中国石油青海油田针对下干柴沟组 II 油组钻探的柴9井测试日产油121.12m^3、气50337m^3，实现了柴达木盆地页岩油勘探重大突破，目前已投产的7口探井，单井平均日产油28.7t，预测单井EUR 3.0万～4.3万t，新增三级地质储量3923万t，建成产能5.45万t；2021年针对下干柴沟组 III-VI 油部署15口探井，完钻试油4口5层，均获工业油流，展现出源内大面积、多层段整体含油的特征。柴平1井是青海油田部署在柴达木盆地柴西坳陷英雄岭构造带干柴沟地区的一口页岩油预探水平井,完钻井深3 924.33m,水平段长997.33m,分21段124簇压裂,压后焖井16d,开井即见油,4mm油嘴日产油103.97m³、气15 025m³,气油比139.65m³/m³,39d累计产油2 240.44m³、产气262 915m³。为进一步探索咸湖沉积中心页岩油潜力,青海油田向英雄岭腹部柴深地区甩开20km钻探的狮303井,5336~5350m井段压力系数高达2.48,采用4mm油嘴常规射孔日产油超百立方米(日产油227.4t、气6.6万m³)。

7. 苏北盆地

苏北盆地主要发育古进系阜宁组四段、二段和泰州组二段三套烃源岩,已有数十口井在泥页岩段获得工业油流,展示了较好的页岩油勘探前景。阜二段页岩油富集条件最为有利,溱潼凹陷阜二段有机碳含量大于1.0%的泥页岩厚度为160~260m,纵向上广泛分布,R_o为0.5%~1.1%,泥页岩厚度大,热演化程度适中,具备页岩油富集的物质基础。

中国石化江苏油田按照"常规与非常规油气兼探"的思路,部署实施的常规油气风险探井沙垛1井在溱潼凹陷阜宁组富有机质页岩段钻遇良好油气显示,侧钻定向段长566m进行7段压裂,试获日产油51t,已累产油1.02万t,预测单井EUR 2.23万t,已连续自喷生产392d,累产页岩油1.1万t。江苏油田继续深化溱潼凹陷页岩油攻关,部署实施的溱页1HF井试获日产油55t,帅页3-7HF井试获日产油20t。据初步评价,中国石化在苏北盆地溱潼凹陷地区落实有利区面积420km²、页岩油资源量3.5亿t。除了溱潼凹陷,江苏油田在苏北盆地高邮凹陷花庄地区部署的花2侧HF井,率先在新层系取得勘探突破,压裂后用3.5mm油嘴放喷获日产油超30t、天然气1500余立方米。这是继花页1HF井在阜二段Ⅴ亚段取得勘探成功后的又一重大勘探成果,标志着苏北盆地高邮、金湖凹陷的11亿t页岩油资源量被激活。展示了该地区良好的勘探开发前景,将开辟我国苏北盆地原油资源战略接替阵地。

第二节 页岩油地质理论研究现状

一、页岩油的定义

目前,国内对于"页岩油"的定义基本存在两种认识:一是狭义页岩油,指赋存于富有机质页岩及其夹持的碳酸盐岩、砂岩薄夹层(厚度一般小于2-3米)中的石油资源;二是广义页岩油,包含狭义页岩油和致密油,泛指蕴藏在页岩层系中页岩及致密砂岩和碳酸盐岩等含油层中(近源、源内)的石油资源,包括自生自储型和短距离运移型的石油聚集。

不同机构和学者对页岩油的认识不同。美国学者Donovan认为在烃源岩层系(页岩以及页岩层系中的致密砂岩和碳酸盐岩)中的滞留烃均称为页岩油。2010年以来,中国石化主要针对狭义页岩油开展工作,对页岩中夹层的占比及单层厚度有明确标准,黎茂稳等(2019)将夹层界定为单层厚度不超过1m、累积厚度不超过烃源岩层系总厚度20%的非烃源岩夹层,单层厚度大于1m、累积厚度超过烃源岩层系总厚度20%的非烃源岩夹层则属于源内致密储集层的范畴。宋明水等(2020)强调富有机质页岩体系中的碳酸盐岩、砂岩薄夹层单层厚度小于2m,累计厚度占比小于30%。2018年以前,中国石油认为致密油和页岩油是不同的资源类型,主要针对鄂尔多斯、松辽、准噶尔和三塘湖盆地开展致密油勘探开发工作。自2018年以后,邹才能等(2020年)提出了"源内石油"聚集的理论,认为富有机质页岩层系内未经长距离运移的液态石油及尚未转化的各类有机物统称页岩油,不强调泥岩层系内砂岩和碳酸盐岩夹层的厚度及地层占比,这一认识将"致密油"也纳入到了"页岩油"的范畴之内,属于广义页岩油。

经过近几年页岩油勘探实践,国内对页岩油的定义逐渐趋于一致。中华人民共和国国家质量监督检验检疫总局和中国国家标准化管理委员会于2020年3月发布了《页岩油地质评价方法》(GB/T 38718—2020)国家标准,其中对页岩油做出了详细的定义:"页岩油是指赋存于富有机质页岩层系中的石油。富有机质页岩层系烃源岩内的粉砂岩、细砂岩、碳酸盐岩单层厚度不大于5m,累计厚度占页岩层系总厚度比例小于30%。无自然产能或低于工业石油产量下限,需采用特殊工艺技术措施才能获得工业石油产量。"

本书关于松辽盆地青山口组页岩油的概念也遵循本标准,即指青山口组烃源岩发育层系内泥页岩及薄层碎屑岩或碳酸盐岩夹层(单层厚度<5m,中砂地比<30%)中未经过长距离运移,滞留在源岩层系内的石油聚集。

二、页岩油的分类

页岩油的分类是对页岩油概念的进一步细化。不同学者考虑因素不同,对页岩油的分类划分方案不同。

国外学者一般注重从储层类型入手进行页岩油分类。Jarvie(2010,2012)把页岩油资源划分为致密页岩、复合页岩和裂缝页岩三种类型。致密页岩具有极低的孔渗的页岩;复合页岩是指夹有厚度大于1m的致密砂岩和碳酸盐岩等非页岩层的页岩组合;裂缝页岩是指页岩层中存在天然裂缝,具有中等孔隙度和渗透率的页岩组合。Donovan等(2017)依据储层渗透率、原油品质和原油是否发生过运移对页岩油资源进行分类。首先依据按地下石油资源是否发生过运移分为滞留烃系统和运移烃系统,再根据储层渗透率的大小划分为常规储层、致密储层、烃源岩储层和裂缝型烃源岩储层,再根据原油性质划分油气资源类型。将烃源岩内石油聚集划分为重质油、稠油、轻质油、挥发油等(图1-1)。

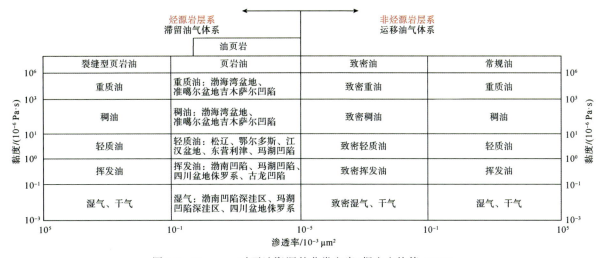

图1-1 Donovan对石油资源的分类方案(据金之钧等,2021)

国内学者从中国陆相页岩油发育地质特征出发,对于页岩油的分类考虑因素更为多样,形成了多种划分方案。张金川等(2012)依据页岩油赋存储层类型和经济可采性将页岩油划分为基质型、夹层型和裂缝型三类(图1-2)。基质型页岩油主要赋存于泥页岩基质中的有机质和粘土矿物的粒间、粒内及溶蚀等微孔隙、微裂缝中,为低孔低渗透页岩油,对其进行开发相对较为困难。裂缝型页岩油主要以游离态赋存于泥页岩层系的裂缝及微裂缝中,其富集程度受控于裂缝及裂缝体系的发育程度,储集及采出条件好,可开采程度高。夹层型页岩油是以砂岩和碳酸盐岩类夹层作为油气赋存的主要空间,可进一步划分为砂岩夹层型和碳酸盐岩夹层型页岩油2个亚类。宋明水等(2020)依据储集空间、开发生产条件及开发经济效果,结合页岩油井所处的构造位置,将济阳坳陷的页岩油类型划分为基质型、夹层型和裂缝型。

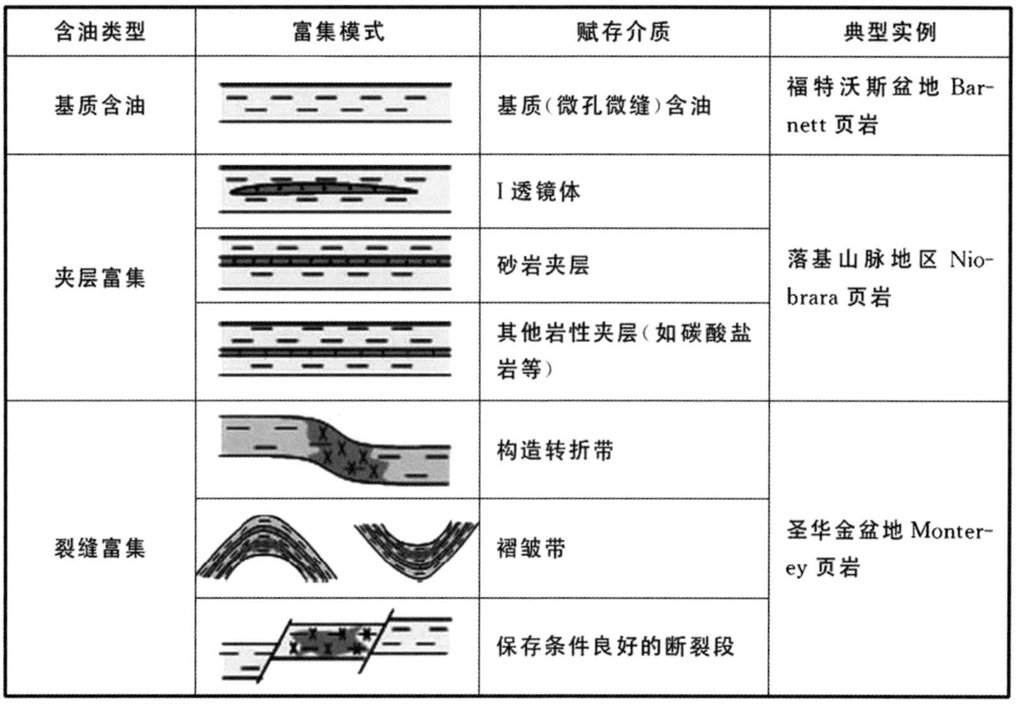

含油类型	富集模式	赋存介质	典型实例
基质含油		基质(微孔微缝)含油	福特沃斯盆地 Barnett 页岩
夹层富集		I 透镜体	落基山脉地区 Niobrara 页岩
		砂岩夹层	
		其他岩性夹层(如碳酸盐岩等)	
裂缝富集		构造转折带	圣华金盆地 Monterey 页岩
		褶皱带	
		保存条件良好的断裂段	

图 1-2 张金川等(2012)对页岩油分类的示意图

成熟度是影响页岩油勘探开发的关键因素,因此有学者根据有机质成熟度差异将页岩油分为3种类型,即未熟页岩油、中低成熟度页岩油、中高成熟度页岩油(赵文智,2018,2020),这3种类型的页岩油分别对应不同赋存状态和不同的生产方式(表1-1)。未熟页岩油主要为油页岩油,也就是以往用干馏的方法得到的石油。泥页岩中有机质成熟度小于0.5%,其中未转化为石油的有机质占90%以上,已经生成的滞留在泥岩层系石油仅占5%,需要进行地表干馏或地下加热技术将有机质转化为石油,然后进行分离回收;中低成熟度页岩油指泥页岩中有机质成熟度介于0.5%~1.0%之间的重质油和中质油,已有5%~60%的有机质转化为石油滞留在泥岩层系内,其余未转化有机质占比40%~90%,成熟度仍较低,石油密度高、黏度大、气油比低,主要为重质油和中质油,不易于流动,一般需要地下原位加热转化,通过高温裂解,使石油黏度降低、气油比增高、流动性增强,从而实现页岩油的清洁开采,该类型页岩油资

表 1-1 按成熟度页岩油类型划分(据赵文智,2018)

项目	未熟页岩油	中低成熟度页岩油	中高成熟度页岩油
岩石类型	油页岩	富有机质泥页岩层系	富有机质泥页岩层系
R_o/%	未熟(<0.5)	中低成熟(0.5~1.0)	中高成熟(1.0~1.5)
赋存状态	尚未转化的有机质	已生成的滞留石油+尚未转化的有机质	微-纳米级储集空间中滞留的石油
原油性质	—	稠油、重质油、中质油	中质油、轻质油、凝析油
生产方式	露天开采地面干馏或原位转化开采	原位转化开采	水平井+体积改造

源在中国潜力巨大,但由于技术难度大,尚处于探索阶段;中高成熟度页岩油指页岩中有机质成熟度介于1.0%～1.5%之间的轻质油和凝析油,该类型页岩油主要以已经生成的滞留在泥页岩层系内部的石油为主,由于有机质成熟度高,石油密度较低、粘度较小、气油比高,可以通过水平井或体积压裂技术进行开发利用获得效益产能,是目前页岩油勘探开发最现实的资源,目前北美地区开发的页岩油资源基本属于此类型页岩油。

源储组合类型也是页岩油分类的主要依据。胡素云等(2020)根据页岩层系烃源岩、储集层以及源储组合类型差异,将中国陆相页岩油划分为源储共存、源储分离和纯页岩3种源储组合类型。源储共存型:页岩层系发育的不同类型岩石,既有生油层系也有储油层系,页岩油分布具有剖面上岩性变化快、源储互层频繁,甜点段厚度不大、但平面分布范围广的特点,生烃增压是页岩油聚集主要动力。源储分离型:页岩层系源储间互分布,源储压差控制页岩油成藏富集。纯页岩型:页岩既是生油岩也是储集岩,页岩中尚未转化有机质及滞留于页岩内的液态烃是主要资源类型。同样的,为了便于开展针对性的地质研究及勘探开发技术攻关,按照勘探评价难度的差异,结合岩性组合特征、砂岩夹层厚度及砂地比等因素,付金华等(2019)将鄂尔多斯盆地中生界长7段页岩油划分为3种类型,依次为:Ⅰ类——多期叠置砂岩发育型(单砂体厚度3～5,砂地比15%～30%);Ⅱ类——页岩夹薄层砂岩型(单砂体厚度2～3m,砂地比5%-15%);Ⅲ类——纯页岩型(单砂体厚度<2m),砂地比<5%)(图1-3)。

页岩油类型	Ⅰ类(多期叠置砂岩发育型)	Ⅱ类(页岩夹薄砂岩型)	Ⅲ类(纯页岩型)
岩性组合	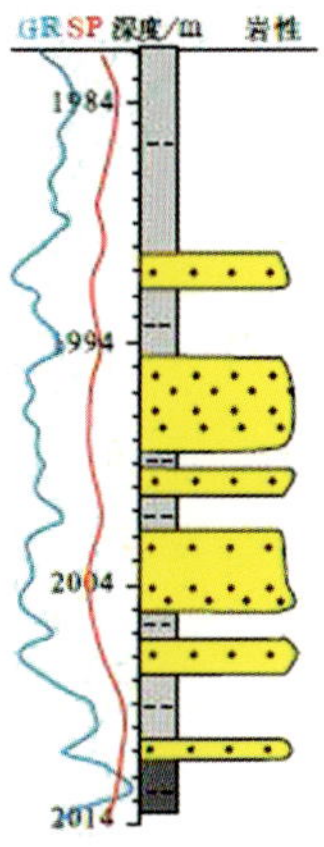	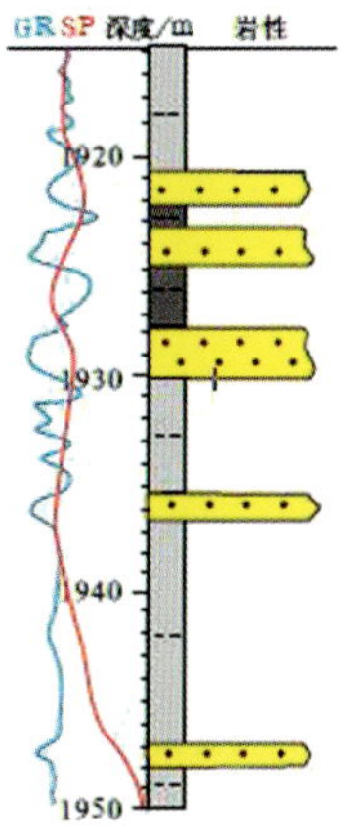	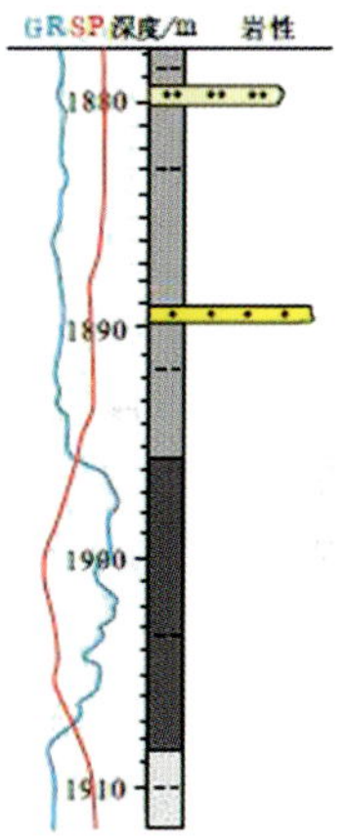
砂地比/%	15～30	5～15	<5
单砂体厚度/m	3～5	2～3	<2
勘探层次	规模勘探开发	风险勘探目标	原位改质目标

图1-3 鄂尔多斯盆地长7段页岩油分类示意图(据付金华等,2019)

焦方正等(2020)按照地质条件和沉积特征,将陆相页岩层系中的页岩油"甜点"划分为夹层型、混积型和页岩型3类。赵贤正等(2021)依据页岩组构特征、页岩油的赋存特征及页岩的砂地比等,提出将陆相页岩油划分为纹层型、混积型、夹层型、互层型、厚层型5种类型(图1-4)。

结合以上分类,依据松辽盆地青山口组页岩油发育特点,本书研究的青山口组页岩油属于中—高成熟度的页岩型页岩油,根据页岩岩相类型,划分为页理型、纹层型和夹层型3种类型。

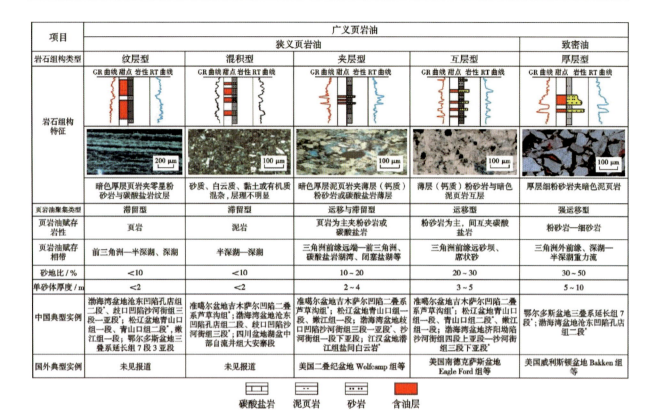

图 1-4　陆相页岩油的类型及特征（据赵贤正，2021）

三、地质理论研究进展

近些年来，我国掀起了陆相页岩油勘探热潮，随着勘探的不断深入，我们对于陆相页岩油的认识发生了变化，在页岩油形成条件、赋存形式、成藏机理及甜点评价等方面取了新的认识。主要为以下几个方面：

页岩油富集特征方面：陆相页岩层系石油充注程度高、含油层系多、分布面积广，石油资源规模大，存在多类型局部有利储集层"甜点"。近年重点探区勘探研究和初步实践证实，中国陆相页岩层系具有烃源岩内大规模石油聚集成藏、多层系多类型大面积分布特征。源内石油聚集类型多，岩性组合主要为大套厚层烃源岩及烃源岩内部孔隙相对发育的粉砂岩、碳酸盐岩、页岩等夹层或纹层等，具源储共存、生烃增压充注、大规模聚集特征，成藏不受构造控制，局部高丰度、高含油饱和度储集层可形成高产潜能的"甜点区"。

陆相页岩层系存在较多超压、高气油比、天然裂缝及脆性夹层纹层层系，开发潜力大。部分地区和地层页岩层系具有较好的含油性和可压性，利于源内石油聚集稳产和有效开发，是近期勘探开发的主要对象。这些页岩层系具有生烃母质好，有机碳含量高，热演化程度较高，游离烃含量较大，含油饱和度较高，部分地区具有较高气油比，原油品质较好，可流动性强，具有良好含油气性；页岩层系中天然裂缝发育段及纹层页理密集段、粉砂质、钙质、凝灰质等脆性夹层或纹层发育段，具较好可压性。此外，页岩层段发育、热演化程度高的地区，黏土矿物转化成伊利石，也具有较好的脆性和可压性。陆相源内石油勘探开发关键技术正推动形成以"甜点勘探"和"体积开发"为核心的勘探开发关键技术系列，推广应用已取得初步明显应用成效。

在页岩成烃机理方面，研究证实中国陆相湖盆发育淡水、咸水环境 2 类优质烃源岩，两种类型烃源岩均具有形成页岩油的资源潜力。对于淡水湖盆,例如鄂尔多斯盆地长7段烃源岩黑色页岩与暗色泥岩互层,有机质分段富集,其中有机质富集主要受2大因素影响,一是湖盆深部火山活动与热液作用活跃,促进了湖盆内部的生物勃发;二是低沉积速率和低陆源碎屑补偿速度降低了有机质的稀释作用,缺氧还原环境有利于有机质沉积埋藏后的保存,大面积分布的黑色页岩与暗色泥岩奠定了大规模页岩油的基础。咸化湖盆以吉木萨尔凹陷芦草沟组为例,烃源岩中有机质分布非均质性强,有机质丰度高。其中有机质富集除受早期火山活动提供营养物质促进藻类勃发控制外,还受咸水水体影响,准噶尔盆地湖盆烃源岩发育在咸水环境,促进了有机质的絮凝,提高了有机质的富集效率,同时低能深水环境使得有机质相对富集,芦草沟组烃源岩区域上大面积分布,为准噶尔盆地页岩油发育创造了有利条件。

地质事件的成因机制是优质页岩成因研究的重点内容。地质事件发育与富有机质页岩发育段具有很好的耦合关系,但其内在机制还未明确。区域性构造与湖平面升降、火山活动、气候突变、水体缺氧、生物灭绝/辐射、重力流等不同地质事件对油气的地质作用不同。如湖侵—湖退事件改变有机质氧化还原环境,有利于有机质富集;火山活动带来的营养物质刺激浮游植物的生长,提高生产力,并且火山活动较高的热流值会使地温升高,可以促进有机质的热演化,有利于有机质的生烃;重力流控制的沉积微相通常是良好储层的发育段,有较好的物性;生物的灭绝与爆发促进了古生产力等。

在页岩成储机理方面,最大的进展是提出了页岩本身发育有效储层,是陆相页岩重要的甜点层段。建立了细粒沉积多端元岩相划分理论,形成了基于有机质丰度、矿物组成、岩石构造等多端元的陆相细粒沉积岩性分类方案,精细划分了陆相页岩岩石类型,为陆相页岩油甜点优选奠定了基础,目前普遍认识到纹层型页岩是陆相页岩油有利的富集类型。揭示了纹层型和页理型两大页岩储层形成机理,揭示页理型页岩油具有较高的生烃能力,总体含油量大,孔隙类型以较小的黏土矿物晶间孔为主,水平层理缝及高角度构造裂缝发育,改善了储集性能,提高了页岩油可动性;纹层型页岩油富集模式生烃能力较好,总体含油量较高,发育较大的脆性矿物粒间孔,可动油含量高。这两大富集模式的建立证实了陆相半深湖—深湖相纯页岩具备页岩油富集有效储集层,纯页岩型页岩油具备开发潜力。近年来,随着非常规油气纳米级赋存空间的发现,如何定性—定量表征泥页岩的微观孔隙结构成为非常规油气研究的热点领域:从最初的定性研究(孔隙类型、孔隙大小、孔隙性质、孔隙结构形态、孔隙发育主控因素等)到定量动态演变进展(有机质—无机质孔隙的演变、各类型孔隙占比、孔隙的定量比、孔隙的孔喉、孔隙的比表面对吸附的影响、孔隙非均质性、孔隙内部的连通性等)都是研究的热点。

高分辨率高精度分析为手段的页岩储层微观定量表征技术。尽管泥页岩非常致密,但一系列高分辨率分析测试技术(包括微区高分辨率镜下观测/成像技术,如聚焦离子束抛光—电镜扫描技术 FIB-SEM、场发射扫描 FE-SEM 结合能谱分析 EDS、二次电子 SE/背散射电子 BSE、微米 CT、纳米 CT 成像技术等;流体法技术,如高压压汞法 MICP、N_2 及 CO_2 低压吸附法 LPA 等;射线法技术,如小角 X 射线散射法 SAXS、小角中子散射 SANX 和超小角中子散射 USANS 等以及核磁共振等)的开发和应用,使得泥页岩中有机、无机纳米级孔隙得到了更为直观的认识。同时,对页岩矿物组成的确定已经进行过大量的研究,综合利用 X 射线衍射、能谱、扫描电镜及有机地球化学等分析技术,不难确定泥页岩样品中石英、长石、碳酸盐矿物、黄铁矿、黏土矿物及有机质的含量和性质。这些技术的综合应用可以有效地描述和表征页岩储层孔隙、喉道、裂缝的大小、分布、连通性以及页岩的矿物组成。这些装备和技术,为进一步研究页岩油在极致密储层中的赋存状态和机理提供了便利条件。

在页岩油形成与富集机理方面,连续型油气聚集理论,构建了非常规油气地质学理论体系框架,明确了非常规油气地质研究的内涵、地质特征、形成机理、分布规律和核心技术,为大面积非常规油气规模勘探开发奠定了理论基础,该项理论指导了中国主要含油气盆地页岩油气勘探。贾承造院士的含油气盆地"全含油气系统"的"全过程成藏"模式,从烃类"生—排—运—聚"全过程定量化研究的核心问题出发,分析了非常规油气成藏机理,建立了非常规油气资源评价方法体系,该理论有效应用于页岩油气资源潜力评价中,对落实中国页岩油气资源规模及资源评价方法发展起到了引领作用;赵文智院士的陆相中—低成熟度页岩油原位转化的内涵与机理,为中—低成熟度页岩油的勘探开发奠定了重要的理论基础,该项理论指导了鄂尔多斯盆地长7段和松辽盆地青一段中低成熟度页岩油探索实验。赵贤正基于沧东凹陷页岩油勘探实践提出的"优势组构相—滞留烃超越效应"页岩油富集理论,为陆相页岩油甜点的优选与井位部署奠定了重要的理论基础,该项理论指导了渤海湾盆地、松辽盆地等陆相页岩油勘探,推动了规模储量的发现。

总体上,由于国内陆相页岩油的特殊地质条件,在地质理论研究认识上国内的理论进展在国际上处于领先地位。

第三节 页岩油勘查技术发展现状

一、页岩油"甜点"评价与预测关键技术

以页岩层系内"甜点"为攻关对象,国内已创新研发源内勘探多尺度精细表征和评价预测的实验分析、基础地质、测井地震等技术,正在建立完善"甜点勘探"技术系列。通过一整套研发关键参数实验方法技术,一次性取全取准取芯、测录井地质资料,一体化采集处理解释新、老三维地震资料,建立了有利储集层"甜点段"和"甜点区"刻画方法,创新了地质、工程一体化甜点平面和纵向精细评价和地震预测技术。主要包括以下几个方面:

1. 多录井技术融合的含油性综合评价方法

应用元素录井与全岩X射线衍射矿物组分、矿物录井相结合,通过相关性分析,确定矿物组分计算的敏感参数,可形成不同矿物组分的标准化计算公式,创建基于元素录井的岩性特征剖面,实现由元素录井快速识别不同层段的岩性及脆性特征。综合运用气测录井、地球化学录井和定量荧光录井技术,选取能反映页岩油含油丰度和可动烃含量的敏感参数,创新多录井技术融合的含油性综合评价方法,建立录井甜点段评价标准,为地质甜点评价提供依据。

2. 基于测井资料的页岩油甜点综合评价方法

将测井资料与地质分析化验资料相结合,通过提取反映页岩油岩性、物性、含油性等地质参数的敏感测井曲线,建立岩芯分析化验资料与测井曲线之间的关系,形成关键地质参数的定量计算公式,结合试油等资料,建立页岩油甜点测井综合评价方法。岩性评价方面,利用测井资料开展岩性定性识别及矿物含量定量计算,可建立测井多参数融合的岩性定性分类方法,其中,基于多元逐步回归的矿物含量精确计算方法可有效提高岩性评价的准确率。物性及渗流性评价方面,利用岩芯核磁共振分析的有效孔隙度与密度测井、中子测井和声波测井曲线的相关关系,建立孔隙度计算的多元回归模型;测井曲线频率的变化可反应地层岩性的变化,采用曲线峰值拐点数量统计,形成基于测井资料精细划分纹层密度的渗流特性分析方法,解决无取芯地区渗流特性的分析问题。含油性评价方面,通过岩芯分析测试获得的S_1、TOC等资料,结合刻度敏感测井曲线和试油资料的综合分析,建立S_1、OSI及含油性评价指数计算方法,实现无取芯井页岩油含油性定量分析。可压性评价方面,通过岩芯测试的泊松比、杨氏模量、Biot

弹性常数等工程数据刻度测井敏感曲线,建立岩石力学参数、脆性指数、地应力等计算模型,形成页岩油工程品质综合评价方法。结合页岩油富集的主控要素,确定关键地质参数及其权重,构建页岩油综合品质评价指数,实现基于测井资料的甜点综合品质自动分类和连续处理。

3. 基于地震资料的页岩油甜点体预测方法

地震技术在页岩油富集区预测、水平井井眼轨迹设计、压裂设计方面均起着重要作用。以地震属性表征三参数(TOC、岩性、物性)为基础,通过三参数组合的神经网络融合来表征岩相,实现了有利岩相的有效预测。在裂缝预测方面,按裂缝发育特征选取针对性方法进行预测,实现了裂缝定量表征。利用小波边缘检测、相关分析、各向异性分析等主要识别断层、大型陡倾角裂缝(大于70°);利用属性剥分检测技术,选取裂缝敏感属性突出缓倾角裂缝特征;通过数据归一化处理,利用各敏感属性对缓倾角裂缝特征进行差异表征,提取裂缝发育概率,实现裂缝密度的定量化表征。除此之外,地震属性资料实现了页岩油甜点体空间分布的精细预测,形成敏感曲线多属性融合及离散岩性反演识别地质甜点、地震波形指示反演识别地质甜点等地震综合评价方法。

二、长水平井优快钻探技术

在水平井钻井方面,存在页岩地层造斜技术要求高、井眼轨迹控制难度大、施工周期长等难点。通过近年来攻关,已初步形成地质工程一体化水平井钻探技术,包括基于可钻性的目标靶层优选技术、超薄目标靶层导向技术、泥浆安全窗口预测技术等。井位部署过程中采用分区优化水平井井位部署的"一区一策"和单井个性化设计的"一井一策",实行"水平井产量—储量—效益"倒算工程参数,评估井位部署和井眼轨迹,不断优化水平井油藏工程方案设计,保障了储量动用及效益最大化。在水平井钻探方面提出"工厂化"钻井模式,"工厂化"钻井模式能实现区块批量钻井,可移动式钻机缩短钻机在井口间移动的工时,大幅缩短钻井周期,提升钻井效率。目前,通过不断优化井深结构、钻井提速和完井工艺关键技术,不断优化钻井周期和钻井投资关键技术指标,攻关形成页岩油水平井钻完井技术,钻井周期降幅42%~53%,钻井成本降幅36%,水平段长度突破2000m,直井段+造斜段一趟钻、水平段一趟钻水平大幅提升,初步实现了低成本高效优快钻井。

三、页岩油储层改造技术

在压裂改造方面,不同类型陆相页岩油黏土矿物含量和可压性变化大,普遍存在"压不开、撑不住、返排低、稳产难"的现象,针对上述难题,探索建立差异化压裂优化设计技术,基本形成了针对陆相页岩地质与工程一体化的可压裂性评价方法。提出了利用杨氏模量、峰值应变和剪胀角计算岩石力学脆性指数的模型;基于天然裂缝扩展物理模拟实验,建立了天然裂缝和地应力影响因子的计算方法;综合岩石脆性、天然裂缝和地应力3因素,利用模糊数学理论,建立了评价裂缝复杂程度的缝网指数模型,实现了对厚层纯页岩可压裂性的定量预测。

超临界CO_2复合压裂技术。利用超临界CO_2降低页岩破裂压力、提高人工缝网复杂程度、改善页岩储层渗流通道等作用,松辽盆地页岩油勘探中首次在陆相页岩油压裂中使用超临界二氧化碳大型复合压裂工艺,成功实现强非均质性页岩储层规模体积压裂。

低吸附伤害滑溜水体系的全程滑溜水连续加砂技术。针对泥页岩中黏土矿物含量普遍较高的问题,设计符合低吸附伤害技术指标的超分子结构单元,引入个性化变黏降阻剂,通过浓度变化实现在线变黏，黏度稳定在 20~30mPa·s，大幅降低滑溜水体系对页岩油储层吸附滞留的伤害，降阻率由常规降阻剂的 67.7% 提高到 79.2%，对页岩油储层的伤害率由常规滑溜水的 16.75% 下降到 8.24%。针对近井眼摩擦阻力增大的问题，优化压裂液体系及压裂工艺参数，实现从单段塞加砂、阶梯式段塞加砂升级至连续加砂，砂液比由先导试验阶段的 3.3% 提高至 11.1%，实现页岩油全程滑溜水连续加砂，压裂的施工效率由 1.5 段/天提高至 5~6 段/d。

四、中低成熟页岩油原位转化/改质技术

页岩油原位转化/改质技术（ICP/IUP）是通过大规模体积加热，将地上炼油厂"搬到地下"，使原位页岩富有机质就地转化、原位黏稠液态烃就地轻质化和凝析化，同时伴生新的地下天然缝网系统、超压和气体，形成新的人工有效驱替系统，实现页岩油有效开采。该项技术具有不受地质条件限制、地下转化轻质油、高采出程度、较低污染等技术优势的特点，壳牌利用 ICP/IUP 技术在美国科罗拉多州、加拿大阿尔伯达省和约旦等地进行了商业开采先导试验，取得了较好效果。若基于原位加热转化/改质技术开采，不仅可以动用滞留液态烃，且可增生新的液态烃，采收率有望达到 30%~60%，页岩油原位转化/改质等技术，有望支撑实现页岩油的工业开发的突破。

第二章 松辽盆地白垩系地质特征

第一节 区域构造特征

一、区域构造背景

松辽盆地是在海西期褶皱基底之上发育起来的晚中生代裂谷盆地,特征如下。

(1)盆地处于上地幔隆起带上,中、新生代沉积最厚的地带恰是莫霍面上拱最高、地壳最薄的地带,呈明显的镜像对称关系。莫霍面拱起走向为北北东向,与松辽盆地走向一致。

(2)盆地发育受3条北北东向断裂的控制,即嫩江-白城壳断裂、孙吴-双辽壳断裂、依兰-依通超壳断裂,此外盆地内发育有许多基底断裂,这些断裂由张性正断裂组成,自中生代以来有长期活动的历史,影响盆地的形成和发育。

(3)盆地具有较高的地温梯度和较快的沉积速率,平均地温梯度为4.2℃/100m,最高可达8.9℃/100m,是中国各盆地中地温梯度最高的;坳陷期视沉积速率为0.78mm/a,小于华北地区,而大于西部诸盆地。

二、松辽盆地构造单元划分

松辽盆地平面上为菱形,长轴呈NNE向展布,长约750km,宽约350km,总面积约26万km²。根据其基底性质和盖层的区域地质特征,可进一步划分为6个一级构造单元,32个二级构造单元和130个局部构造(徐兴友等,2021)。6个一级构造单元分别为中央坳陷区、北部倾没区、西部斜坡区、东北隆起区、东南隆起区、西南隆起区(郭少斌等,1998;刘和甫等,2000;侯启军等,2009;Feng et al.,2010)(图2-1)。

1. 中央坳陷区

中央坳陷区位于盆地中央,在盆地演化过程中长期处于沉降中心和沉积中心,为继承性坳陷,沉积厚度最大可达7km以上。地层从下侏罗统至古近系—新近系均有发育,登娄库组至嫩江组厚度达3km以上。中央坳陷区包括10个二级构造单元,分别是黑鱼泡凹陷、明水阶地、龙虎泡-红岗阶地、齐家-古龙凹陷、大庆长垣、三肇凹陷、朝阳沟阶地、长岭凹陷、扶余隆起带和双驼子阶地。

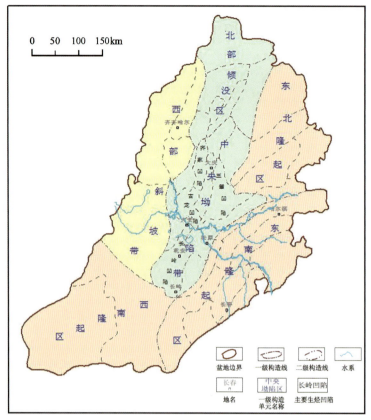

图 2-1 松辽盆地构造分区图

2. 北部倾没区

北部倾没区位于盆地北部，基底埋深 100～3100m，向南倾没于中央坳陷区。北部倾没区包括 6 个二级构造单元，分别是嫩江阶地、依安凹陷、三兴背斜带、克山-依龙背斜带、乾元背斜带和乌裕尔凹陷。

3. 西部斜坡区

西部斜坡区位于盆地西部，基底平缓且向东倾斜，地层倾角一般小于 1°。坳陷期地层逐层向西超覆，基底埋深 200～2500m。

4. 东北隆起区

东北隆起区位于盆地东北部，基底起伏比较大，埋深 500～3000m。在坳陷期，东北隆起区由于位于盆地边缘，地层发育不全。在隆起西侧，缺失泉头组一段、泉头组二段一部分；向北到绥棱背斜带、海伦隆起带一带，青山口组和姚家组直接超覆于基岩之上。东北隆起区包括 5 个二级构造单元，分别是海伦隆起带、绥棱背斜带、绥化凹陷、庆安隆起带和呼兰隆起带。

5. 东南隆起区

东南隆起区位于盆地东南部，基底起伏较大，埋深 500～3500m，广泛分布早白垩世裂陷期沉积。在坳陷期，本区位于盆地边缘，沉积厚度比较薄。由于后期反转程度较大，嫩江组和姚家组部分遭受剥蚀，缺失四方台组、明水组和古近系—新近系。东南隆起区包括 10 个二级构造单元，分别是长春岭背斜带、宾县-王府凹陷、青山口背斜、梨树-德惠凹陷、杨大城子背斜、钓鱼岛隆起、登娄库背斜、怀德-梨树凹陷、扶余隆起和怀德梨树凹陷。

6.西南隆起区

西南隆起区位于盆地西南部,基底埋藏浅,埋深 250～1000m。在坳陷期,本区为隆起区,缺失登娄库组沉积,泉头组和青山口组厚度较小,分布范围也不大。姚家组超覆于基底之上。西南隆起区包括两个二级构造单元,分别是伽玛吐隆起、开鲁凹陷。

三、松辽盆地构造演化特征

松辽盆地形成于印支运动末期—燕山运动早期,发育于燕山运动中晚期—喜马拉雅运动早期,萎缩于喜马拉雅运动晚期,从形成到结束,经历了多期构造运动。松辽盆地的演化可划分为热隆起、断陷、坳陷和萎缩 4 个演化阶段(图 2-2)。

1.热隆起阶段(T_3—J_3)

在盆地早期演化阶段,由于热对流作用,地壳大范围隆升减薄,并伴随强烈的岩浆喷发和大规模酸性岩浆岩侵入。从三叠纪至早、中侏罗世,松辽盆地深部莫霍面拱起,产生地幔垫,地壳呈宽缓的穹隆状隆起,处于长期遭剥蚀状态。同时大陆块发生张裂,形成 NNE 向为主的断裂,并沿断裂发生强烈岩浆活动,直至晚侏罗世开始形成孤立分散的中小型断陷盆地群。

2.断陷阶段(J_3—K_1d)

裂陷活动早期(J_3)以断裂活动和火山喷发活动为特征,形成断陷盆地雏形。裂陷早—中期(火石岭期)以伸展作用为主,形成一系列小断陷,沉积了火石岭组。裂陷中期(沙河子期),进入强烈断陷发育时期,形成北北东向展布的新的断陷盆地,沉积了沙河子组。裂陷晚期(营城期)断陷趋于萎缩,伸展率变小,构造沉降幅度降低,盆地周缘开始隆起,结束裂陷阶段。至登娄库沉积期,断裂活动开始减弱,登娄库沉积逐渐超覆在各断陷盆地或凸起之上,形成统一的坳陷,开始向大型坳陷盆地转化。这一时期的构造表现为断、坳过渡,下断上超的特点。

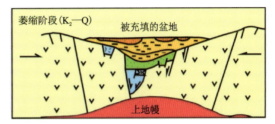
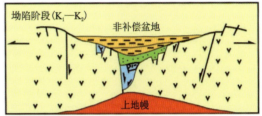
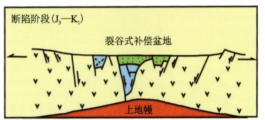
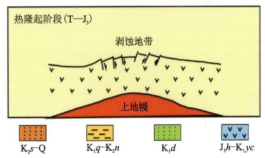

图 2-2 松辽盆地演化模式图
(据大庆油田石油地质志编写组,1993)

3.坳陷阶段(K_1q—K_2n)

进入早白垩世晚期,由于太平洋板块向西的俯冲运动和上地幔热对流作用的减弱,岩石圈逐渐冷却,产生热收缩,受重力均衡和热冷却沉降作用影响,此时地壳不均一地整体下沉,盆地演化转入坳陷期。本阶段是盆地主要沉积时期。泉头组沉积早期的泉头组一、二段时期为填平补齐阶段,但与登娄库组沉积期相比,沉积范围逐渐扩大,主要为充填补偿式的粗碎屑岩和红色泥岩沉积。泉头组三段沉积期盆地已基本完成填平补齐过程,泉头组三、四段为规模较大的超覆式沉积,以河流相红色砂泥岩沉积为主。青山口组至嫩江组时期发生两次大规模的湖侵,湖盆沉积达全盛时期,形成了松辽盆地十分重要的生、储油岩系。

4. 萎缩阶段(K_2s—Q)

嫩江组末期,日本海扩张,松辽盆地承受了日本海扩张导致的西向压力,发生了嫩江运动,使松辽盆地褶皱隆升。之后,松辽盆地深部地质结构趋于调整均衡,盆地整体上升,湖盆规模收缩。同时,挤压运动使先期地层发生褶皱,也使盆地边缘发生差异性升降,造成松辽盆地东南隆起区整体抬升掀斜,缺失嫩江组五段至整个新近系。构造反转阶段末期,盆地内大型坳陷发育已经基本停止,形成与现今相似的构造面貌。

四、松辽盆地晚期构造反转的南北差异

林铁锋等(2009)研究表明,松辽盆地自泉头组三—四段沉积以来共经历了3次挤压构造事件,分别造成了中浅层3个重要的不整合面,即嫩江组沉积末期、明水组沉积末期和依安组沉积末期。构造应力来自盆地东部,三期构造应力场的最大主应力、最小主应力集中区分布相同,但最大主应力的方位变化较大。后两期构造运动活动强度大于嫩江组沉积末期的构造活动强度。

松辽盆地晚期构造抬升从东南隆起区向盆地内扩展,三期反转构造导致盆地沉积、沉积中心从东南向西北迁移。自泉头组至嫩江组,沉积中心不断向西北方向迁移,总体反映了盆地右旋走滑的区域构造背景特征。嫩江至明水期间,沉积中心大规模向盆地的西南部迁移,明水—泰康期间,沉积中心再次向北迁移,迁移距离大于100km,与区域SEE-NWW向挤压相对应,松辽盆地现今的大部分构造形迹在这期构造运动中定型。晚期伊安组—大安组—泰康组的沉积中心再次显示了左旋走滑的特征,而且迁移幅度很大,沉积中心已经迁移到了西部斜坡带。泰康组—新近系的沉积中心再次向西北迁移,反映了松辽盆地现今应力场背景为NW向挤压特征。

程银行(2019)通过对松辽盆地不同层位、不同构造单元地层进入磷灰石部分退火带的时间进行研究,也发现松辽盆地晚白垩世以来构造演化具有明显的南北差异,盆地北部的磷灰石裂变径迹年龄主要集中在35~5Ma和60~50Ma,南部主要集中在35~20Ma和80~50Ma,表明南部地区构造抬升的时间要比北部早10~15Ma(图2-3)。盆地南部的差异构造抬升导致松辽盆地主要生烃凹陷的构造抬升启动的时间和抬升幅度存在明显不同。三肇凹陷抬升发生在嫩江组沉积晚期,抬升幅度最大;长岭凹陷抬升始于嫩江组沉积末期,抬升幅度相对较小,而齐家-古龙凹陷持续沉降,直到明水组沉积末期才开始抬升。因此,齐家-古龙凹陷持续埋藏时间长,构造抬升较晚,抬升剥蚀幅度小,地层能量较高,导致青山口组页岩演化程度和地层压力系数明显高于长岭凹陷和三肇凹陷(图2-4)。

第二节 地层发育与含油气组合特征

一、地层发育特征

根据松辽盆地地层角度不整合面、碎屑物的充填、构造变形特征,结合油田钻井、地震资料可将松辽盆地划分为两个构造层,一是断陷期地层,二是坳陷地层。断陷期发育了中上侏罗统和下白垩统,坳陷

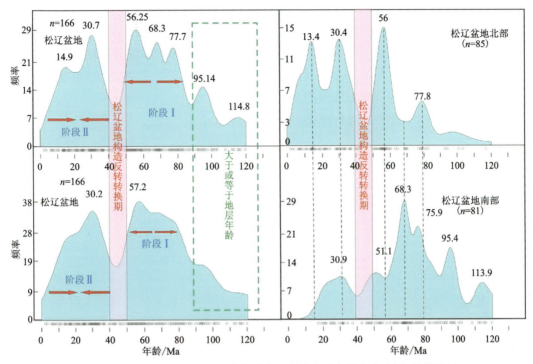

图 2-3　松辽盆地整体及盆地北部和南部磷灰石裂变径迹年龄核密度图(据程银行,2019)

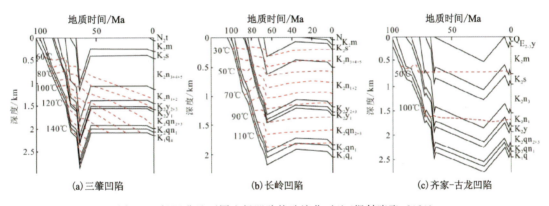

图 2-4　松辽盆地不同生烃凹陷构造演化对比(据付晓飞,2020)

期发育了上白垩统、新近系和第四系。在盆地发育早期的断陷阶段,构造运动以断裂作用为主,形成了一系列断陷盆地。这些彼此分割的断陷盆地中不同程度地发育着火山岩、火山碎屑岩,以及河流沼泽相为主的地层,厚度较大,自下而上分别为火石岭组、沙河子组、营城组、登娄库组。盆地坳陷期,构造运动以沉降为主,沉降幅度与沉积范围均规模巨大,先后沉积了以湖相沉积为主的泉头组、青山口组、姚家组与嫩江组。盆地萎缩阶段,构造运动趋于缓慢上升状态,沉积范围明显缩小,先后沉积了以河流相为主的四方台组、明水组、古近系、新近系和第四系(图 2-5)。

1. 火石岭组

火石岭组上部以火山岩系为主,为火山岩相沉积,常见岩性为灰绿色、紫灰色安山岩、安山玄武岩、玄武岩及灰白色凝灰岩和凝灰角砾岩。下部以灰色、灰黑色砂砾岩、砂岩、粉砂岩、泥岩等为主,夹凝灰岩和薄煤层,主要为冲积扇和冲积平原相沉积。

2. 沙河子组

沙河子组以灰黑色泥岩、粉砂岩为主,夹灰色砂岩和砂砾岩,底部夹有薄层酸性凝灰岩、熔结凝灰岩和凝灰角砾岩,局部地区夹具工业开采价值的煤层。沙河子组沉积相以湖泊相的滨浅湖亚相为主,同时广泛发育有扇三角洲相、冲积平原相以及湖沼相沉积。

3. 营城组

营城组主要发育酸性流纹岩、中酸性英安岩、中性安山岩和基性玄武岩及其相应的火山碎屑岩,间夹灰色、灰绿色砂砾岩、砂岩、泥岩和薄煤层。营城组的岩性、岩相变化较大,既有火山岩相,也有半深湖—深湖相、滨浅湖相以及冲积扇相、辫状河三角洲相等多种沉积相体系。

4. 登娄库组

登娄库组主要为灰绿色、灰褐色、杂色砂岩、砂砾岩、泥质粉砂岩间夹紫色、黑色泥岩组成,局部夹厚煤层或煤线。根据岩性可划分为4段,各段地层分布情况和发育程度有较大差别。登娄库组一段以杂色砂砾岩、灰白色砂岩为主;登娄库组二段由灰黑色、灰褐色、灰绿色泥岩、粉砂质泥岩与灰白色砂岩互层组成;登娄库组三、四段以灰绿色、浅灰色砂岩与褐棕色、紫红色泥岩互层组成。登娄库组以冲积扇相、冲积平原相和河流三角洲相为主,局部地区、局部时期(登娄库组二段沉积时期)发育半深湖相—深湖相以及滨浅湖相沉积。

5. 泉头组

泉头组沉积时期,松辽盆地进入坳陷式沉积阶段,以接受覆盖式沉积为主,至泉头组四段本区基本上为河流相和滨浅湖相沉积,沉积物颗粒较粗,以细砂岩和粉砂岩为主,为本区的主要储集层。

6. 青山口组

青山口组以棕红色、灰色、灰绿色、灰黑色大套厚层的泥岩为主,偶夹灰色泥质粉砂岩,自上而下泥岩颜色逐渐加深。青山口组一段地层由灰黑色泥页岩、泥岩组成不等厚互层,区域上分布稳定,偶夹泥质粉砂岩,砂岩极不发育,表明水体扩大、变深,其中青山口组一、二段沉积时期是湖盆的第一次兴盛期,以半深湖相—深湖相为主,为松辽盆地主要的生油层和盖层。青山口组三段沉积时期,是湖盆第一次衰退期,湖盆面积缩小,河流作用增强,为河湖过渡相的砂泥岩互层沉积。

7. 姚家组

姚家组沉积早期湖盆整体抬升,水体变浅,氧化强烈,物源供应不足,造成沉积速率低,非补偿性的沉积特征明显,与下伏青山口组呈整合—平行不整合接触。姚家组在盆地分布较广,但在东南隆起区一带被剥蚀,根据岩性特征可划分为姚家组一段、姚家组二段和姚家组三段。段姚一段以棕红色泥岩为主,夹灰绿色粉砂质泥岩,个别井中泥质粉砂岩、粉砂岩较发育且含油,一般地层厚度45~60m。姚家组一段底界是古松辽湖盆经历青山口组沉积末期振荡性回返抬升之后,湖盆再次振荡性下降接受沉积的结果。青山口组沉积末期的构造运动,造成了盆地边缘及东南隆起区抬升幅度较大,受古地形控制,致使姚家组与青山口组之间存在沉积间断,即到青山口三段沉积后期,部分地区开始露出水面,湖水范围缩到最小,到姚家组一段沉积早期湖盆下降又开始以红层大面积沉积于青山口三段不同层位之上。

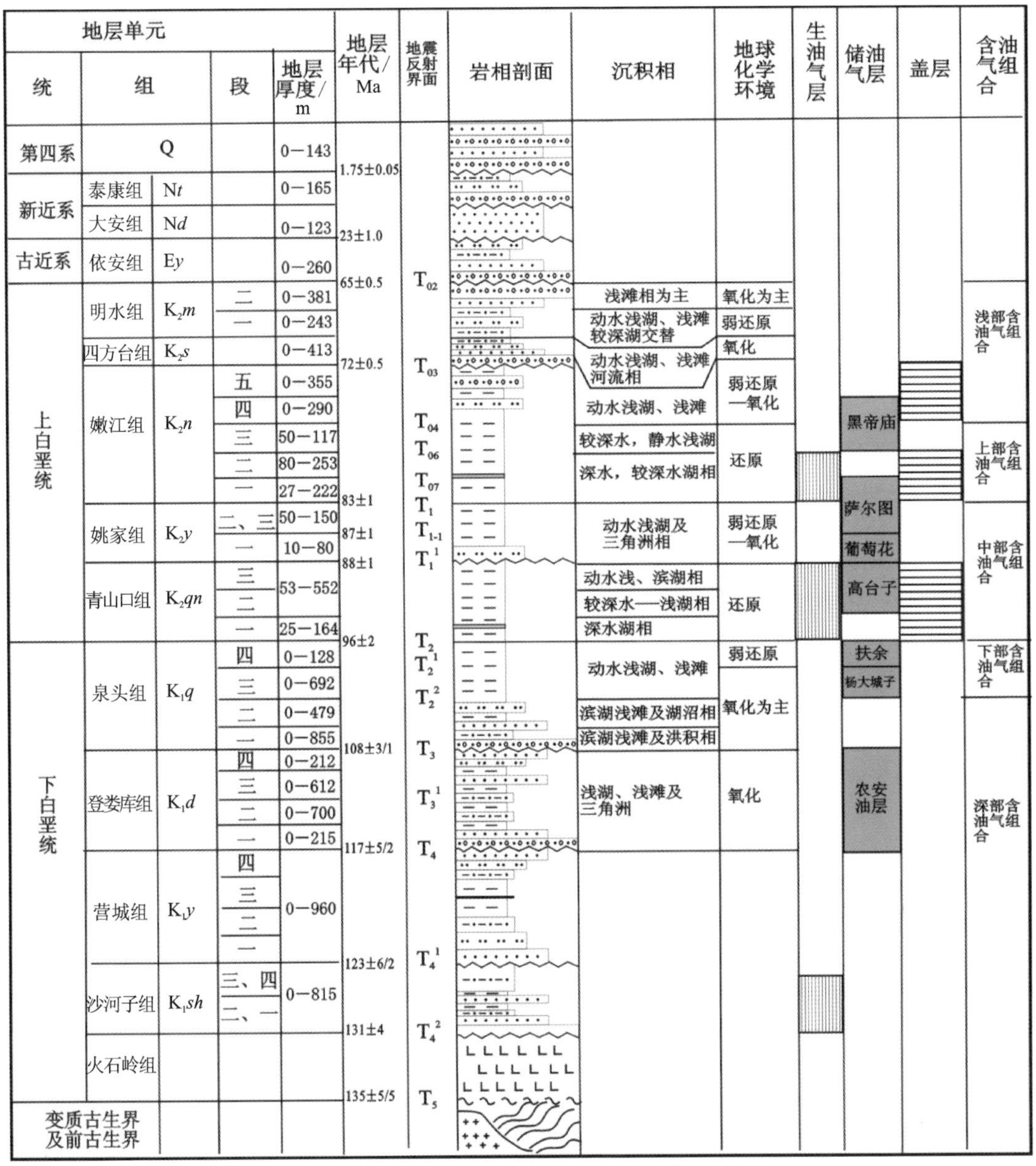

地层单元 统	地层单元 组	地层单元 段	地层厚度/m	地层年代/Ma	地震反射界面	岩相剖面	沉积相	地球化学环境	生油气层	储油气层	盖层	含油气组合
第四系		Q	0—143	1.75±0.05								
新近系	泰康组	Nt	0—165	23±1.0								
新近系	大安组	Nd	0—123									
古近系	依安组	Ey	0—260	65±0.5	T$_{02}$							
上白垩统	明水组 K$_2$m	二	0—381	72±0.5	T$_{03}$		浅滩相为主	氧化为主				浅部含油气组合
上白垩统	明水组 K$_2$m	一	0—243				动水浅湖、浅滩 较深湖交替	弱还原				
上白垩统	四方台组 K$_2$s		0—413				动水浅湖、浅滩 河流相	氧化 弱还原—氧化				
上白垩统	嫩江组 K$_2$n	五	0—355		T$_{04}$		动水浅湖、浅滩	弱还原—氧化		黑帝庙		上部含油气组合
上白垩统	嫩江组 K$_2$n	四	0—290		T$_{06}$		较深水，静水浅湖	还原				
上白垩统	嫩江组 K$_2$n	三	50—117		T$_{07}$		深水，较深水湖相	还原				
上白垩统	嫩江组 K$_2$n	二	80—253	83±1								
上白垩统	嫩江组 K$_2$n	一	27—222		T$_1$					萨尔图		中部含油气组合
上白垩统	姚家组 K$_2$y	二、三	50—150	87±1	T$_{1-1}$		动水浅湖 三角洲相	弱还原—氧化		葡萄花		
上白垩统	姚家组 K$_2$y	一	10—80	88±1	T$^1_1$		动水浅、滨湖相			高台子		
上白垩统	青山口组 K$_2$qn	二	53—552				较深水—浅湖相	还原				
上白垩统	青山口组 K$_2$qn	一	25—164	96±2	T$^1_2$		深水湖相					
下白垩统	泉头组 K$_1$q	四	0—128		T$^2_2$		动水浅湖、浅滩	弱还原		扶余		下部含油气组合
下白垩统	泉头组 K$_1$q	三	0—692		T$^3_2$		滨湖浅滩及湖沼相	氧化为主		杨大城子		
下白垩统	泉头组 K$_1$q	二	0—479				滨湖浅滩及洪积相					
下白垩统	泉头组 K$_1$q	一	0—855	108±3/1	T$_3$							
下白垩统	登娄库组 K$_1$d	四	0—212		T$^1_3$		浅湖、浅滩及三角洲	氧化		农安油层		深部含油气组合
下白垩统	登娄库组 K$_1$d	三	0—612									
下白垩统	登娄库组 K$_1$d	二	0—700									
下白垩统	登娄库组 K$_1$d	一	0—215	117±5/2	T$_4$							
下白垩统	营城组 K$_1$y	四										
下白垩统	营城组 K$_1$y	三	0—960									
下白垩统	营城组 K$_1$y	二		123±6/2	T$^1_4$							
下白垩统	沙河子组 K$_1$sh	三、四	0—815									
下白垩统	沙河子组 K$_1$sh	二、一		131±4	T$^2_4$							
下白垩统	火石岭组			135±5/5	T$_5$							
变质古生界及前古生界												

图 2-5 松辽盆地综合柱状图

8. 嫩江组

嫩江组是盆地内分布最广的地层，在北部和东北部已超出现今盆地边界。嫩江组沉积时期为松辽湖盆的第二次兴盛期，也是由极盛逐渐衰亡的时期。嫩江组一、二段沉积期湖盆急剧加大，湖水加深，嫩江组二段底部油页岩标志着最大湖侵，是松辽湖盆的极盛期。从嫩江组三段沉积时期开始，北部沉积体系持续向南推进，尤以嫩江组四段沉积期推进最大。嫩江组与下伏姚家组呈整合接触。

9. 四方台组

四方台组由棕红色泥岩、砂质泥岩及砂砾岩、灰绿色砂质泥岩组成。下部为褐红色、灰绿色石英长石砂岩、砂岩与砂质泥岩、泥岩互层，上部为灰绿色块状泥岩夹砂质泥岩、泥质砂岩。

10. 明水组

明水组分为两段:明水组一段为浅灰色、灰绿色砂岩、砂砾岩与两套灰黑色泥岩;明水组二段为棕红色、灰绿色泥岩、砂质泥岩与灰绿色砂岩互层。四方台组和明水组主要发育泛滥平原相、曲流河三角洲相、辫状河三角洲相以及局限湖相沉积体系。

二、地层含油气组合特征

松辽盆地断陷期的烃源岩主要为沙河子组和营城组泥页岩,干酪根类型以Ⅱ—Ⅲ型为主,已经达到高成熟—过成熟阶段,即处于以生气为主阶段。坳陷期湖面广阔,水生生物繁盛,沉降速度大于沉积补偿速度,属于欠补偿盆地,在这个过程中,盆地沉积了较厚的富含有机质的深湖相黑色泥岩和油页岩,形成青山口组一、二段和嫩江组一、二段有利烃源岩,干酪根以$Ⅱ_1$—Ⅰ型为主,成熟度适中,目前处于以生油为主阶段。根据烃源岩层系发育特征和储盖组合特征,可将松辽盆地含油气组合划分为4个组合,包含8个油层(图2-6),分别为嫩江组的上部油气组合,油层为发育于嫩二—四段的黑帝庙油层;姚家组和青山口组的中部含油气组合,油层为发育于姚家组二三段的萨尔图油层、姚家组一段的葡萄花油层和青山口组二三段的高台子油层;泉头组的下部含油气组合,油层为发育于泉头组四段的扶余油层、泉头组三段的杨大城子油层;底部含油气组合发育于泉头组一二段和下白垩统断陷层内,油层为发育于泉头组一二段的农安油层和下白垩统的怀德油气层。

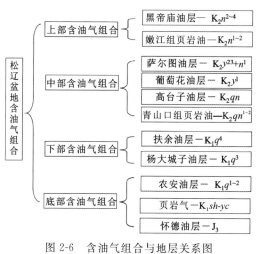

图 2-6 含油气组合与地层关系图

第三节 沉积与演化特征

一、白垩系地层沉积特征

松辽盆地白垩系为大型淡水—微咸水内陆湖相沉积。由于断陷湖盆和坳陷湖盆成因机制不同,从而使下白垩统断陷层地层与上白垩统坳陷层地层在沉积演化和层序组合方面具有明显差异。

松辽盆地白垩系地层沉积物源来源不同。在断陷期,松辽盆地南部呈多凹多隆的地貌,物源主要来自各小断陷的临近隆起,物源方向不一,物源多,水系小。到了坳陷期(泉头组三段沉积以后),松辽盆地的地貌单元为剥蚀山地、河流、三角洲、湖泊等四大区域性地貌,主要发育四大物源:西部物源、西南物源、东南物源和北部物源,包括英台、保康等多条水系(图2-7),盆地南部和北部沉积物源体系存在差异,松辽盆地南部地层沉积主要受西部物源、西南物源、东南物源体系控制,松辽盆地北部主要受北部和西部物源体系控制。

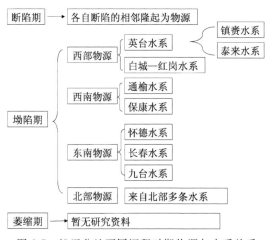

图2-7　松辽盆地不同沉积时期物源与水系关系

松辽盆地在火石岭组—登娄库组断陷盆地发育阶段,半地堑式盆地的构造样式是这一时期最基本特征。受盆地边缘主控断层的控制,断陷盆地具沉降速率快、地形起伏大、近源快速沉积特征。断陷盆地的不对称性使之具有陡坡与缓坡之分。断陷盆地陡坡带(控盆断裂一侧)沉积相展布特征为冲积扇-扇三角洲-湖泊相;缓坡一侧为冲积平原三角洲-湖泊相。火石岭组地层沉积于断陷形成之初,形成陆相含煤火山碎屑建造。沙河子组地层沉积初期,因当时断裂活动强烈,伴之以大规模火山喷发,岩性主要为火山岩夹杂色泥岩,辫状扇和砾质辫状河自边缘向中心充填,完整的湖泊形成于火石岭组末期。仅有少量局部地区发育有少量烃源岩。沙河子组沉积时期,整个盆地的断陷都是处于浅湖—深湖环境,发育了较好的烃源岩,由于断陷零星分布,当时各自相对独立,面积不大,物源充足,沉积速率快。沙河子末期,盆地整体抬升,遭受剥蚀,形成重要的不整合面。在营城组地层沉积之时盆地再次发生裂陷,伴随强烈的火山喷发作用;沉积范围扩大,断陷间隆起区变窄;沉积体系由边缘向中心依次出现辫状扇—辫状河平原—辫状河三角洲—湖泊体系。登娄库组以填充补齐的方式充填着盆地,在盆地中的低洼部位沉积较厚,达4000m以上,在高部位没有沉积,即使登娄库组三、四段充填范围扩大,但在西部斜坡区缺失,东南隆起区局部存在,并且厚度小,平均厚度仅150余米。此时各断陷的物源方向不一致,总与相邻的隆起有关,且烃源岩不发育。

泉头组沉积时期,各水系由边缘隆起向凹陷推进,在泉头组一段有局部暗色泥岩发育,泉头组二段暗色泥岩更少,但在泉头组二段和泉头组三段中皆有稳定的泥岩,可作为局部盖层,到了泉头组三段末期,由于物源充足(包括镇赉水系、白城水系、保康水系、怀德水系、九台水系),填充了较厚的碎屑沉积物,其中齐家古龙凹陷,仅泉头组三段就沉积了600余米,到了泉头组三段末期,除了西部斜坡和西南隆起,其他地区近于平整,基本结束了断陷沉积,开始坳陷沉积。泉头组四段沉积时期,各体系基本继承了泉头组三段的特点,但东南的九台水系消失,西南的通榆水系开始发育。随着盆地的持续坳陷,湖水侵进,形成了广阔的浅水三角洲砂体。此时东北部体系已波及新民、新庙一带,且局部地区发育有暗色泥岩。

松辽盆地晚白垩世(坳陷期)发生了两次海侵事件,形成了坳陷期整体下沉背景下湖盆强烈扩大和其后收缩条件下的沉积特征，形成细—粗—细—粗沉积旋回。上白垩统包括青山口组、姚家组、嫩江组、四方台组和明水组。青山口组沉积早期，发生松辽盆地的第一次海侵事件，以湖相沉积为主，暗色泥岩发育；晚期，湖盆萎缩，陆源碎屑供应充分，粗碎屑物质较发育。姚家组沉积时期，滨浅湖相、三角洲相粗碎屑沉积发育。嫩江组沉积早期，发生松辽盆地第二次海侵事件，湖盆范围达到最大，以半深湖相—深湖相沉积为主；晚期，湖盆萎缩，大量粗碎屑充填。四方台组和明水组沉积时期，以发育冲积扇相和三角洲相粗碎屑沉积为主。

二、青山口组地层沉积演化特征

青山口组沉积早期（青山口组一段）湖盆急剧扩张，湖盆面积扩大，主要沉积了深湖及半深湖相有机质富集的暗色泥岩，青山口组沉积晚期（青山口组二、三段），总体表现为水退，湖盆萎缩，陆源碎屑供应充分，粗碎屑物质较发育，主要沉积三角洲前缘砂岩及滨浅湖相泥岩。

1. 沉积相特征

在纵向上，松辽盆地中央坳陷湖盆主体区主要发育深湖、半深湖、浅湖和三角洲外前缘 4 类沉积亚相，可细分为三角洲外前缘分流间湾、席状砂、浅湖泥及半深湖泥、深湖泥 5 种沉积微相（图 2-8）。

1）三角洲外前缘

（1）分流间湾。

分流间湾是水下分流河道之间相对低洼的泥质沉积区，水动力较弱，岩性主要为泥岩和泥质粉砂岩，含少量的粉砂岩和细砂。分流间湾微相主要发育在青一段下层组地层中，岩性以灰色、灰黑色泥岩、粉砂质泥岩为主，见砂质条纹，砂质条纹厚 3～10cm 不等，不均匀分布，发育水平层理、波状—透镜状层理[图 2-9(a)]，泥岩中可见炭化的植物碎片，伽马测井曲线平缓仅有小幅波动。

（2）席状砂。

席状砂是河口坝和部分水下分流河道砂体受波浪淘洗和簸选后，沉积物发生侧向迁移，重新沉积于河口沙坝前方或侧翼的薄层状砂体（包括河口沙坝侧翼沉积和远沙坝沉积），呈席状分布于三角洲前缘的前端。青山口组一段中下部席状砂沉积微相发育，岩性主要为灰色泥质粉砂岩，发育平行层理、透镜状层理，泥质条纹发育[图 2-9(b)]，片状的席状砂与暗色的浅湖—半深湖泥岩互层，顶底多为突变接触，粒度韵律性不明显或略呈反韵律。测井曲线组合以指状形态为特征。

2）浅湖相

浅湖泥是指在浅湖中的泥质沉积，多为深灰色泥岩，偶尔可见夹于暗色泥岩中的砂质透镜体。浅湖泥相在青山口组一段比较发育，尤其是在青山口组一段下部发育浅湖泥相，岩性为厚层泥岩，局部见砂质条带，局部见介形虫等化石，发育水平层理层理、波状层理，见黄铁矿，部分层理面见植物碎屑[图 2-9(c)]。

3）半深湖相

半深湖泥是指在浪基面以下半深湖还原环境沉积的泥岩。半深湖相泥岩主要发育在青山口组一段下部，岩性为灰黑色厚层泥岩，泥质较纯，局部见砂质条带，发育水平层理层理及波状层理，黄铁矿发育[图 2-9(d)]。

4）深湖泥相

深湖泥是指在深湖还原环境沉积的泥岩。深湖相泥岩主要发育在青山口组一段上部，岩性为黑色层理发育型泥岩，泥质较纯，，黄铁矿发育，发育水平层理[图 2-9(e)]。

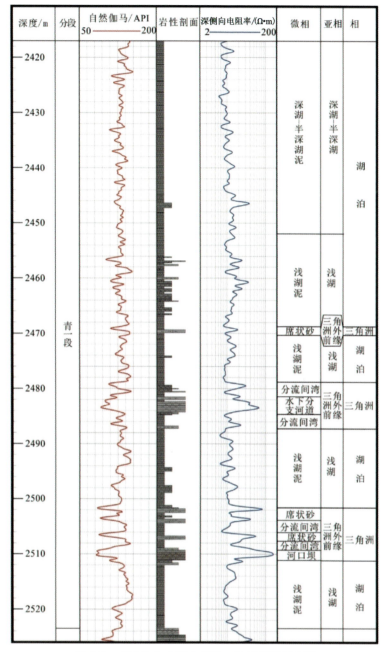

图 2-8 吉页油 1 井青山口组一段沉积相划分图

综合分析可见,青山口组主要发育沉积相类型为三角洲外前缘席状砂和浅湖—深湖泥微相,纵向上可分为两个层组,下层组以三角洲外前缘支流间湾泥、席状砂为主,上层组以浅湖—深湖泥岩为主,从下到上沉积水体逐渐加深,沉积相由三角洲外前缘过渡到浅湖—深湖相。

2. 青山口组沉积演化

青山口组一段沉积时期,松辽盆地经历了大规模湖侵,湖岸线向东侧盆缘方向快速推进,在齐家—古龙、大安、长岭至梨树和三肇等地区形成水域广阔的深水凹陷(冉清昌,2015),发育大规模的三角洲—湖泊沉积体系[图 2-10(a)]。在物源控制下,盆地南、北沉积体系类型和发育特征存在差异,表现出岩性复杂、沉积微相发育规模不同且相变快的特征,影响了页岩油类型及富集程度。盆地北部主要发育沿北

(a) 灰色粉砂岩,见泥质条纹,发育平行层理、透镜状层理,席状砂微相

(b) 灰黑色含砂泥岩,波状—透镜状层理,分流间湾微相

(c) 灰黑色泥岩,整体较纯,局部发育砂质条带、水平层理,浅湖泥微相

(d) 灰黑色泥岩,黄铁矿发育,半深湖泥微相

(e) 黑色泥岩,层理发育,黄铁矿发育,深湖泥微相

图 2-9　青山口组一段不同沉积微相岩芯特征

部长轴方向的河流—三角洲沉积和西部短轴方向的扇三角洲沉积体系,其中沿长轴方向的河流—三角洲沉积体系在北部持续稳定物源供给条件下沉积体延伸较远、相带变化缓慢,在盆地北部斜坡区形成大面积的泛滥平原、三角洲平原沉积,沿湖岸周围发育少量三角洲外前缘席状砂体(陈彬滔,2015),形成"大平原、小前缘"的沉积特征。西部物源控制的扇三角洲相带窄、相变快,发育三角洲外前缘、重力流及半深湖—深湖相等多种类型沉积。盆地南部则以辫状河三角洲前缘沉积最发育,在西南和南部物源影响下,沉积物经短距离搬运入湖,在强烈的湖浪改造作用下,沿半深湖—深湖形成大面积稳定分布的前缘席状砂和远砂坝。

青山口组二段沉积时期属于高位域时期,湖盆内主要有南部、西部以及西北部三角洲体系,沉积体系相互连为一体[图 2-8(b)]。北部长轴物源的三角洲沉积体系大规模的进积到齐家-古龙凹陷和大庆长垣的杏树岗地区,此时盆地西部英台地区的辫状河三角洲沉积体系又开始发育,湖相的分布面积和规模相对于青山口组一段要减少很多,在湖相区仍然沉积了大面积的以介形虫为主要成分的碳酸盐岩和大面积多类型的重力流沉积体。青山口组二段沉积相仍然以三角洲相、湖相和重力流相为主。与青山口组一段不同的是,源自盆地北部的三角洲沉积体系更为发育,在此背景下形成了富含油层的高台子油层高三、高四油层组,且在三角洲外前缘—滨浅湖—半深湖—深湖沉积了大面积片状浊流沉积体。在盆地南部,青山口组二段沉积时期总体沉积环境与青一段类似,但湖水总体略有退缩,砂体分布范围更大,地层厚度分布稳定,主要分布在西部和南部地区,物源方向大致与湖岸线垂直。据泥岩颜色判断,青山

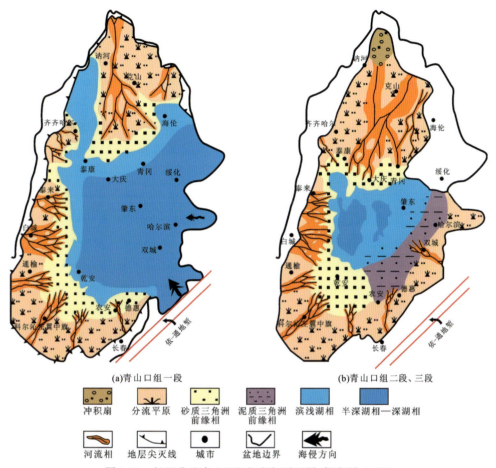

图 2-10 松辽盆地青山口组沉积相平面图(据张顺,2021)

口组二段沉积时期的古气候已由青山口组一段沉积时期的潮湿向干旱过渡。

青山口组三段时期,湖盆内主要发育多物源沉积体系,西部、西北部、东部和东南部都有分布,主要以北部水系、西部水和西北部水系为主要物源沉积体系,另外在盆地的东南部,也开始发育三角洲沉积,岩性以薄层的粉砂岩为主,泥岩颜色多为紫红色、紫色和灰绿色,表明沉积物经过了很长距离的搬运,属于远端的三角洲沉积体,各沉积体系相互连为一体。北部的三角洲沉积体系以较大规模进积到齐家-古龙凹陷和大庆长垣的杏树岗地区,三肇凹陷也开始发育远端的三角洲平原及前缘沉积,此时盆地西部英台地区的辫状河三角洲沉积体系又开始发育,湖相的分布面积和规模相对于青山口组二段要减少很多,在湖相区仍然沉积了大面积的以介形虫为主要成分的湖相碳酸盐岩和局部重力流沉积体。青山口组三段沉积相仍然以三角洲相、湖相沉积为主。与青山口组二段不同的是,源自盆地北部的三角洲沉积体系更为发育,并沉积了大面积的三角洲平原亚相。在盆地南部,全区湖水退缩更加明显,物源分别来自通榆树、保康两个方向,砂体从西向东延伸。地层厚度较青山口组一段、青山口组二段大,最大可达 400m 以上,岩性为棕红色泥岩夹浅灰色粉细砂岩、泥质粉砂及钙质粉砂岩组成不等厚层。据泥岩颜色判断,该沉积时期泥岩为棕色、灰绿色、灰色或深灰色,棕色泥岩分布面积较青山口组二段要大,暗色泥岩分布范围较小,主要集中在大安地区,反映了湖盆水体进一步收缩。

第三章 松辽盆地青山口组页岩油源储地质特征

第一节 青山口组页岩空间发育特征

一、野外剖面特征

松辽盆地地表主要为第四系沉积覆盖,地层露头出露较为局限,青山口组地层典型露头剖面在北部的宾县和南部的德惠市有分布。

1. 吉林省德惠市青山口乡李家沱子剖面

青山口组李家沱子剖面位于德惠市青山口乡李家坨子村南 1km 处,具体位置 N 44°54′42″,E 125°39′34″。沿江出露青山口组二段下部地层,剖面长约 150m,总厚度约 50m,地层产状平缓,岩性以灰黑色泥岩为主,风化色为灰白色,包含丰富的介形虫、鱼化石及白云岩结合,可见薄层被氧化为褐红色的菱铁矿,深灰色页岩层页理发育含有叶肢介、鱼化石碎片等。因差异压实和流体成岩作用形成泥质白云岩条带,单层厚约 20cm,多呈透镜体状顺层分布。地层局部见叠层石发育,风化面呈土黄色,可见明暗纹层交替叠置发育(图 3-1)。

图 3-1 李家沱子青山口组露头剖面

2. 黑龙江省哈尔滨市宾县乌河乡剖面

青山口组乌河乡剖面位于哈尔滨宾县以北的松花江南岸白石采石场附近,具体位置是 N 45°55′04.81″,E 127°27′55.33″,海拔约117m,剖面累计厚度约19m。剖面由下及上分别由深灰色含铁泥岩、灰绿色黄色泥岩、灰绿色泥岩及黄色碳酸盐结合组成,夹有数层介形虫、生物碎屑以及具有同心纹层的结核。初步判断为青山口组青二段和青三段地层,为滨浅湖相沉积环境。乌河乡剖面可见4条断层,断层走向分别为264°、131°、191°、135°,断面被剥蚀成沟,断层性质不明确,剖面主要发育3组节理,沿节理面风化破碎严重(图3-2)。

图3-2 乌河乡青山口组露头剖面

二、空间展布特征

松辽盆地青山口组自下向上分为青一段和青二和青三段。青一段在盆地内分布广泛,但在盆地西部边缘分布不全,厚度一般为0~80m,最厚可达130m以上,主要为一套深湖相沉积,在盆地中部、东南部为黑色、灰黑色泥岩夹劣质油页岩,在盆地西部和北部相变为灰黑色、灰绿色泥岩和灰白色砂岩、粉砂岩互层;在南部、西南部变为红色泥岩和砂岩;边缘则变为砂、砾岩;青一段与下伏泉头组和上覆青二段主要为整合接触。青二、三段在盆地内分布较广,厚度一般为250~550m,在北部克山—林甸一带和西部江桥—白城地区较薄,岩性主要为深灰色、灰色、灰绿色泥岩,少量紫红色泥岩与灰色、灰白色泥质粉砂岩、粉砂岩、细砂岩互层,夹薄层钙质粉砂岩;青二、三段与下伏青一段和上覆姚家组主要为整合接触,局部为平行不整合接触。暗色泥页岩主要分布于青一段和青二段下部,呈现由周边向凹陷内部逐渐增厚的趋势,该套页岩是松辽盆地页岩油主要的富集层位,也是本书的主要研究对象。

通过单井页岩识别及连井地层对比等方法,本书对松辽盆地青山口组页岩空间展布特征进行了分析。结果表明青山口组页岩主要发育在齐家-古龙凹陷、大庆长垣、三肇凹陷和南部长岭凹陷。松辽盆地北部青一段暗色页岩厚度为30~100m,平均厚度75m,存在齐家、古龙、三肇等3个暗色页岩沉积中心(图3-3),沉积中心暗色页岩多在80~100m之间,厚度较大。青一段厚度大于50m的暗色页岩分布面积约为24 400km²,其中厚度超过80m的核心区域面积约为5000km²。松辽盆地南部长岭凹陷青一段暗色页岩厚度一般为30～100m,平均厚度70m,主体埋深1500～2500m。在平面分布上,松辽盆地南部青一段的沉积中心处于大安—乾安一带,整体来看,厚层页岩主体发育在红岗阶地东南部、长岭凹陷北部、扶新隆起西部以及华字井阶地的北部区域,泥岩厚度基本处于40～100m之间(图3-3)。统计表明,青一段厚度大于50m的暗色页岩分布面积约为7265km^2,为松辽盆地青一段页岩油主要发育区。青山口组二段暗色泥页岩在长岭凹陷、齐家-古龙凹陷、大庆长垣、三肇凹陷和朝长地区普遍发育,古龙地区最厚,超过200m(图3-4)。

三、海侵作用与青山口组页岩发育

松辽盆地青山口组页岩沉积年龄在90.8～90Ma附近,即晚白垩世Turonian期。在Turonian期全球经历了大范围的海侵事件。已有大量生物化石等证据证实松辽盆地青山口组页岩沉积时期发生过多次海侵作用。冯子辉等(2016)通过对松辽盆地古龙凹陷松科1井青山口组一段有机质丰度和甾烷生物标记化合物分布规律分析发现松辽盆地青山口组一段下部有机质丰度存在3个旋回性变化,认为青山口组一段沉积时期可能至少存在3期海侵事件,这与松辽盆地南部吉页油1井的特征是高度相似的。除此之外,Huang等(2013)、Hu等(2015)和Cao等(2016)研究也证实松辽盆地青山口组一段下部发育多其次的间歇性海侵作用。本书研究认为松辽盆地青山口组页岩发育受海侵作用的控制,短期海水侵入导致水体分层,在底层形成盐度高的封闭缺氧环境,为有机质的富集保存提供了有利的环境。

通过对青山口组富有机质页岩空间展布特征对比发现(图3-3、图3-4),从页岩发育厚度来看,从盆地南部向盆地北部,青山口组一段下部富有机质页岩的厚度逐渐增加,向盆地东部富有机质页岩厚度也是逐渐加大,且在盆地东部未发现边缘相带。页岩的展布特征预示着青一段海侵作用从南向北、从西向东是也是逐渐增强的,在松辽盆地东北部地区海侵作用最强。这与冯子辉等(2016)的研究认为青一段沉积时期海侵的方向为盆地的东部的方向研究认识是一致的,侯读杰等(1999)研究认为指示海侵的标志物甲藻甾烷含量在平面上具有盆地东部升高的特征,也印证了这种认识。吉页油1井位于松辽盆地南部长岭凹陷中部,处于半深湖—深湖沉积的边缘地带,受间歇性海侵作用影响程度相对较弱,同时,由于受到西南部保康水系的影响,河流输入,促使湖盆动荡水体发生混合,水体分层被打破,上层水体中的氧气进入下层水体,形成富氧环境不利于有机质保存,使得青山口组富有机质页岩发育厚度不及古龙凹陷和三肇凹陷。

第二节 烃源岩地球化学特征

一、有机质丰度

有机质丰度是指单位质量岩石中有机质的数量,在其他条件相近的前提下,有机质丰度越高,其生烃能力越高。岩石中的有机质是油气生成的物质基础,它的含量高低对烃源岩的评价有着直接影响。只有当岩石中的有机质含量达到一定界限时,才可能生成具有工业价值的油气,成为有效烃源岩。而有机质丰度是评价烃源岩生烃潜力的重要参数。目前常用的有机质丰度指标主要有有机碳含量(TOC)、热解生烃潜量(S_1+S_2)等。

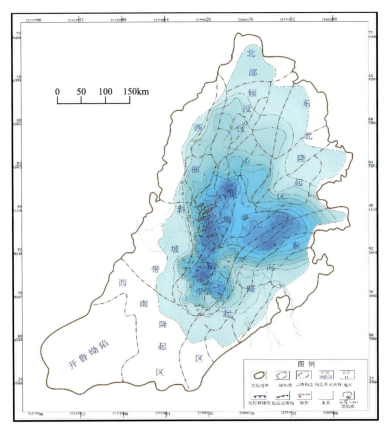

图 3-3　松辽盆地青山口组一段有效页岩厚度等值线图

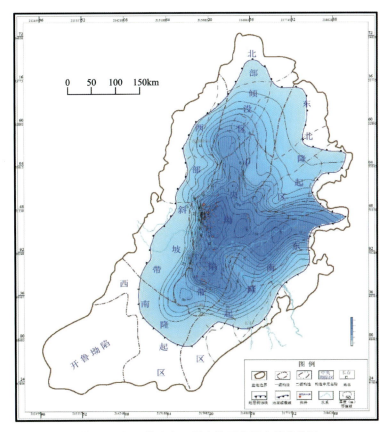

图 3-4　松辽盆地青二段有效页岩厚度等值线图

松辽盆地青山口组沉积时期,气候温暖潮湿,发育大型富营养淡水湖泊,藻类繁盛,湖泊欠补偿沉积,同时湖盆内深部热流体较活跃,地温梯度高,火山喷发较为频繁,活跃的深部热流体及火山喷发具"施肥"效应,为水体生物勃发提供了丰富的P、Fe等营养元素(邱振,2019),湖盆水体营养化触发高生物生产力,由于古湖泊水体较深,出现大面积的缺氧—厌氧带,使得沉积物中的丰富有机质得以良好保存,造就了该时期页岩中有机质富集,为松辽盆地中浅层页岩油提供丰富的物质基础。有机质丰度是生烃强度的重要影响参数,决定着生烃量的多少(马卫,2016)。

1. TOC

松辽盆地青山口组页岩有机质含量整体较高,但南北略有差异。松辽盆地北部青山口组页岩有机碳含量分布直方图(图3-5)也直观地反映了有机碳含量的变化与分布特征(冉清昌,2015),页岩有机碳含量为最高可达16%,平均值为2.63%(1731个数据)有机碳含量变化区间较大,反映了有机碳含量的非均质性。

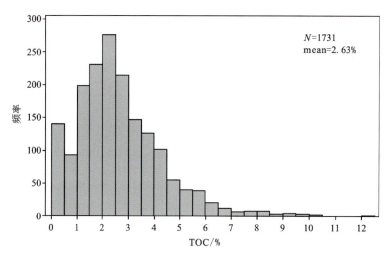

图3-5 松辽盆地北部青山口组TOC分布图(据冉清昌,2015)

对松辽盆地南部青山口组的688个泥页岩样品进行有机碳含量统计,80%的泥页岩样品TOC大于1%,均值为2.15%,38.9%的页岩样品TOC>2%(图3-6),页岩有机质丰度整体处于1%~2%之间。

根据松辽盆地TOC平面分布特征(图3-7),可以看出不同二级构造带TOC分布存在差异。青一段高丰度页岩分布面积较广,长岭、齐家、古龙、三肇地区烃源岩均达到好烃源岩评价标准,其中,松辽盆地南部青一段烃源岩TOC大于2.5%的高值区为长岭凹陷和扶新隆起带,松辽盆地北部青一段烃源岩TOC大于2.5%的高值区在齐家-古龙凹陷、三肇凹陷和长春岭背斜。由于湖盆面积的收缩,青二段高丰度页岩分布面积收缩(图3-8),TOC大于2.0%的页岩主要分布在扶新隆起带北部地区。

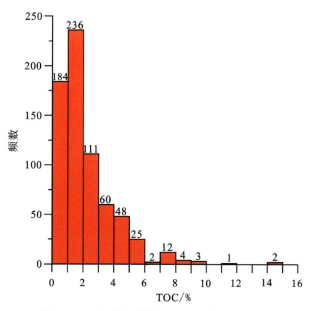

图3-6 松辽盆地南部青山口组TOC分布图

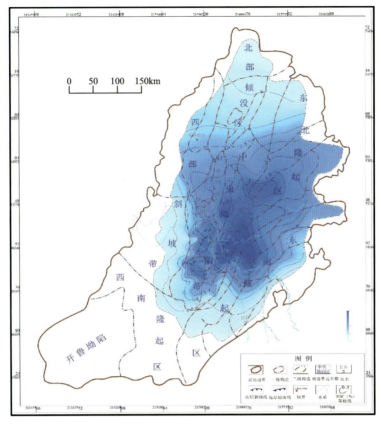

图 3-7 松辽盆地青山口组一段页岩有机质丰度等值线图

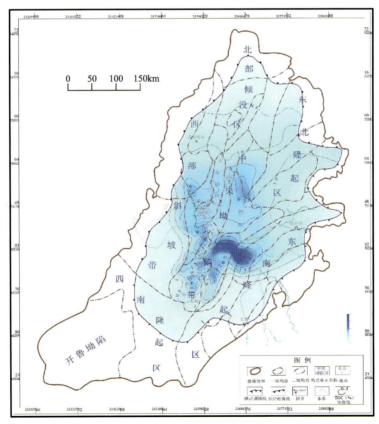

图 3-8 松辽盆地青二段页岩有机质丰度等值线图

2. S_1+S_2

生烃潜量或生烃势(S_1+S_2)是烃源岩中已经生成的和潜在能生成的烃量之和,但不包括生成后已从烃源岩排出的部分。在其他条件相近的前提下,两部分之和也随着岩石中有机碳含量的升高而增大,但也会随着成熟度的升高,有机质生烃潜力会随排烃过程而逐步降低。

松辽盆地北部青一段烃源岩生烃潜量 S_1+S_2 主要集中在 $>6\text{mg/g}$ 的范围内,平均值为 14.34mg/g,属好的烃源岩。在不同地区生烃潜量略有不同,其中生烃潜量最大的区域为三肇凹陷,S_1+S_2 主要集中在 $4\sim40\text{mg/g}$ 是最好的烃源岩,齐家、古龙地区的烃源岩 S_1+S_2 主要集中在 $4\sim16\text{mg/g}$ 的范围内(图3-9)。

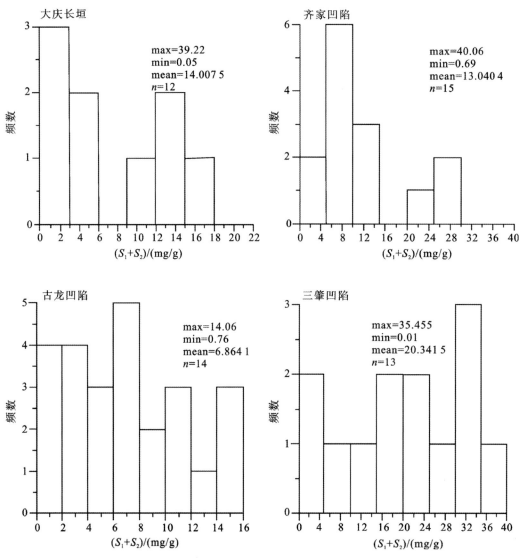

图3-9 松辽盆地北部青一段源岩生烃潜力分布柱状图(据刘成林,2016)

松辽盆地南部扶新隆起和华字井阶地 S_1+S_2 含量较高(图3-10),大于 6mg/g 的比例分别占 76% 和 92%,其中扶新隆起约 31% 的样品 S_1+S_2 值大于 20mg/g,华字井阶地 88% 处于 $6\sim20\text{mg/g}$ 之间。其次为红岗阶地,大于 6mg/g 的比例约为 57%,其中约 54% 的样品含量介于 $6\sim20\text{mg/g}$ 之间。长岭凹陷 S_1+S_2 含量相对较低,26% 的样品其含量大于 6mg/g。

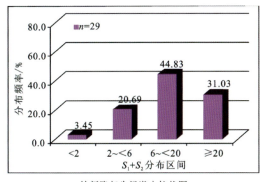
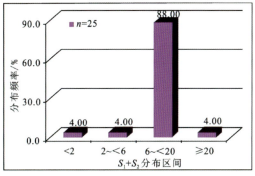
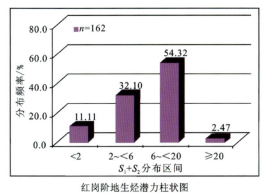
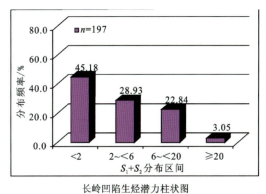

图 3-10　松辽盆地南部青一段源岩生烃潜力分布柱状图

综上，从生烃潜力指标来看，松辽盆地重要坳陷带青一段烃源岩均为好烃源岩，长岭、齐家、古龙地区的烃源岩品质较三肇、扶新地区差，可能主要是受到较高的成熟度和排烃的影响，较高的成熟度造成能生成但还未生成的有机质含量减少，S_2 含量较低，而排烃的过程造成残留的液态烃 S_1 含量降低。

二、有机质类型

有机质类型是衡量有机质产烃能力的参数，同时也决定了产物是以油为主，还是以气为主。不同类型母质生成烃类的性质也不相同，藻类和腐泥母质生成环烷烃或石蜡环烷烃石油，其生烃期长、生油带厚、生气量少；而高等植物等腐殖型母质则相反，生成石蜡基或芳香族石油，其生烃期短、生油带薄、生气量大并有凝析油生成。由此可见，一定数量的有机质（包括烃源岩有机质含量及烃源岩数量）是成烃的物质基础，而有机质的质量（即母质类型的好坏），则决定着生烃量的大小及生成烃类的性质和组成。本次研究主要采用干酪根元素、岩石热解法进行有机质类型判别。

松辽盆地青山口组页岩主要形成于半深湖—深湖相，烃源岩有机质类型主要以腐泥型有机质为主，有机质来源主要为湖盆自生藻类，镜下显示青山口组页岩层状藻和结构藻发育。从范式图上分析，松辽盆地北部青山口组烃源岩有机质类型主要分布在Ⅰ型和Ⅱ$_1$型区域[图3-11(a)]。从热解 HI 与 Tmax 图上分析[图3-11(b)]，同样反映出青山口组烃源岩主要为Ⅰ型，部分为Ⅱ$_1$型。同样地，松辽盆地南部青山口组烃源岩有机质类型也基本以Ⅰ型和Ⅱ$_1$型为主，有机质类型较好，长岭凹陷少数样品为Ⅱ$_2$型[图3-12(a)]。从氢指数-T_{max}判定图版来看，研究区烃源岩主要为Ⅰ型和Ⅱ$_1$型有机质，长岭凹陷存在少量的Ⅱ$_2$型有机质和极少量的Ⅲ型干酪根[图3-11(b)]。

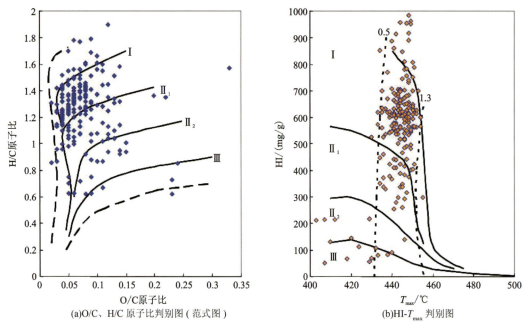

图 3-11　松辽盆地北部青山口组烃源岩有机质类型判别图（据冉清昌，2015）

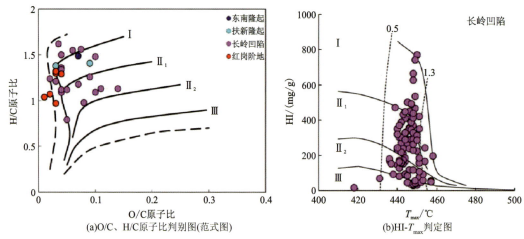

图 3-12　松辽盆地南部青山口组烃源岩有机质类型判别图

三、有机质成熟度

烃源岩热演化程度是评价页岩油含油和流动性最核心的参数之一。烃源岩热演化程度控制着烃源岩的生油气量，也影响着烃源岩的生油气和流动性。随着热演化程度增大，烃源岩不断生烃，生烃量随着成熟度增加而增大，当超过排烃门限之后，烃源岩开始排烃，当成熟度进一步提高，滞留油气中轻质石油和天然气比例增大，气油比相对升高，流动性较好。干酪根镜质体反射率（R_o）被认为是研究干酪根热演化和成熟度的最佳参数之一。随着有机质热演化程度的加深，干酪根镜质体反射率（R_o）发生有规律的变化。

从松辽盆地青山口组泥页岩镜质体反射率随深度变化上看（图3-13），青一段泥页岩的R_o在0.5%～1.6%，处于成熟到高成熟热演化阶段，总体上随深度的增加R_o逐渐增大，当埋深达到500m时，R_o达到

0.5%,有机质进入低熟阶段;当埋深达到 1200m,有机质开进入成熟阶段,R_o 等于 0.7%,开始大量生烃;当埋深达到 2000m 时烃源岩达到生烃高峰期,并有少量油开始裂解;埋深进入 2600m 以下时,原油开始大量裂解成气,进入高熟阶段,对于 R_o 约为 1.3%。

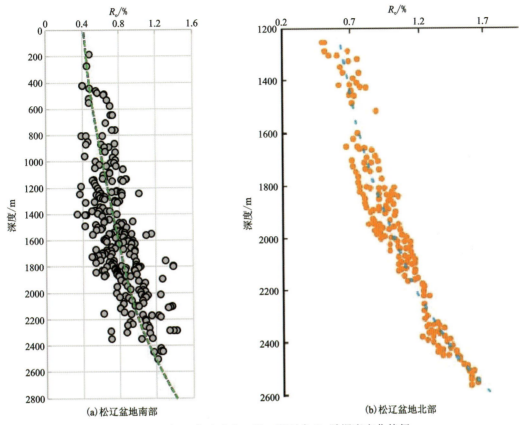

图 3-13　松辽盆地青山口组一段页岩 R_o 随深度变化特征

受松辽盆地晚期构造反转运动影响,松辽盆地南部与北部青山口组页岩有机质热演化程度存在显著差异。松辽盆地北部青一段 R_o 以齐家-古龙凹陷最高,为 0.75%~1.7%,大庆长垣、三肇凹陷 R_o 为 0.5%~1.0%,整体上齐家—古龙凹陷和三肇凹陷是主要生油气中心(图 3-14)。松辽盆地南部青一段 R_o 基本处于 0.5%~1.0% 之间,大于 0.7% 的面积约 6975km²。演化程度较高地区主要分布在长岭凹陷,长岭凹陷 R_o 存在 3 个高值区,分别位于大安、乾安和黑帝庙一带;在扶新隆起带和华字井阶地青一段地层埋藏深度较浅,演化程度较低,R_o 处于 0.5%~0.7% 之间(图 3-14)。青二段页岩有机质热演化程度相对青一段略低,整体处于 0.5%~1.4% 之间,也是齐家-古龙凹陷页岩成熟度高于南部的长岭凹陷和东部的三肇凹陷(图 3-15)。

第三节　页岩储层地质特征

一、矿物组成

松辽盆地青山口组泥页岩所含矿物中占主体的为石英、长石、白云石、方解石和黏土矿物,微量矿物

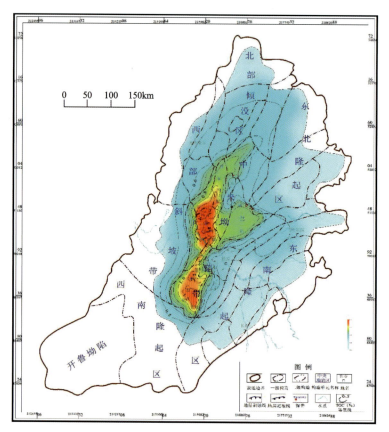

图 3-14 松辽盆地青一段页岩成熟度分布图

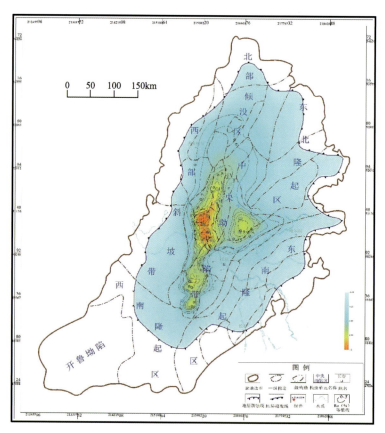

图 3-15 松辽盆地青二段页岩成熟度分布图

为黄铁矿、磷灰石、金红石等。其中石英和长石主要以碎屑颗粒的形式存在，分选磨圆相对较好（图3-16a），黏土矿物以伊利石和伊蒙混层为主，主要以碎屑黏土团块和粒间孔内的自生矿物晶体形式存在，其中呈碎屑团块状的伊蒙混层中黏土矿物晶体分布紧密，受周围石英长石颗粒影响而呈现弯曲多变的形态（图3-16b），自生伊利石主要分布在石英长石所围成的较大粒间孔内，晶体自石英长石颗粒表面向粒间孔内生长，晶体间接触不紧密，彼此交织，将粒间孔分割成网格状（图3-16c）。白云石主要以自生矿物晶体和介形虫壳体形式存在，其中自生白云石矿物晶体呈较规则的菱形状，其外边缘可见铁白云石交代（图3-16d）。介形虫壳体的成分较为复杂，由方解石和白云石组成（图3-16e）。黄铁矿较为常见，晶体集合主要以草莓状和板条状两种形态出现，其中草莓状黄铁矿分布相对孤立（图3-16f），板条状黄铁矿主要为部分介形虫壳体被黄铁矿交代后保留了原有的形态（图3-16g）。

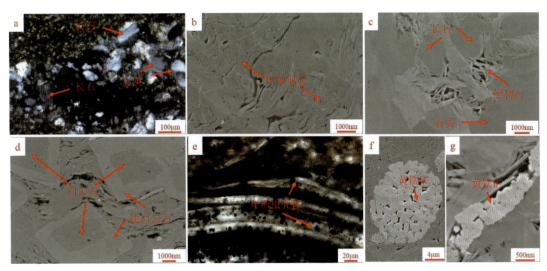

图3-16 松辽盆地青山口组页岩主要矿物类型

a.砂质纹层状泥岩,砂质纹层中可见石英长石颗粒,JYY1井,2 396.03m,；b.块状泥岩,伊蒙混层呈碎屑团块形态存在,JYY1井,2 427.31m；c.砂质纹层状泥岩,伊利石以自生晶体形态存在,JYY1井,2486.39m；d.白云质块状泥岩,白云石呈菱形晶体,边缘被铁白云石交代,JYY1井,2 467.59m；e.含介形虫砂质纹层状泥岩,介形虫壳体呈长条形,成分为白云石和方解石,JYY1井,2 465.49m；f.块状泥岩,草莓状黄铁矿,JYY1井,2 427.31m；g.黄铁矿呈板条状,JYY1井,2 465.49m

松辽盆地青山口组页岩主要由黏土矿物和碎屑矿物如石英、长石组成,含有少量的碳酸盐矿物如方解石、白云石等。黏土矿物主要以伊利石和伊/蒙混层为主。付晓飞等（2020）对松辽盆地青山口组页岩开展岩石学特征分析测试,结果显示松辽盆地南部长岭凹陷青山口组泥页岩石英+长石矿物含量平均为60.85%,黏土矿物含量平均为26.69%,碳酸盐岩矿物含量平均为12.46%[图3-17(a)],松辽盆地北部齐家-古龙凹陷青山口组页岩中石英+长石矿物含量平均为57.35%,黏土矿物含量平均为34.67%,碳酸盐岩矿物含量平均为7.98%[图3-17(b)]。但是结果针对松辽盆地南部页岩的取样相对比较局限,缺少深湖相页岩的矿物组成数据。本次研究通过选取南部的吉页油1HF井和齐平1井青山口组页岩矿物组成数据进行对比,以期揭示松辽盆地南部和北部青山口组深湖相页岩矿物组成差异。

松辽盆地南部长岭凹陷吉页油1HF井青一段泥页岩脆性矿物主要以石英、长石为主,含少量碳酸盐岩矿物和铁类矿物（图3-18）,其中石英矿物含量在13%～49%之间,平均24%,长石矿物含量在9.5%～41%之间,平均为19%,钙质矿物含量主要在5%～20%之间,平均11%,菱铁矿和黄铁矿含量主要在3%～10%之间,平均4.2%;粘土矿物含量在8%～57%之间,平均含量46.7%,黏土矿物主要以伊利石和伊蒙混层为主（图3-19）,其中伊蒙混层平均含量30%,伊利石平均含量56%,高岭石平均含量6%,绿泥石平均含量8%,伊蒙层间比为20。

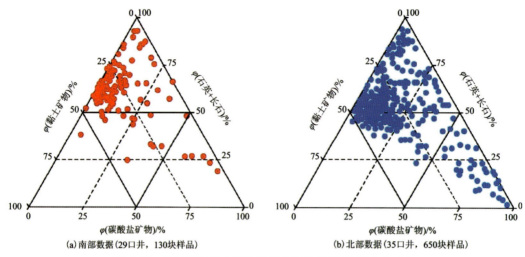

图 3-17 松辽盆地青山口组页岩矿物组成(据付晓飞,2020)

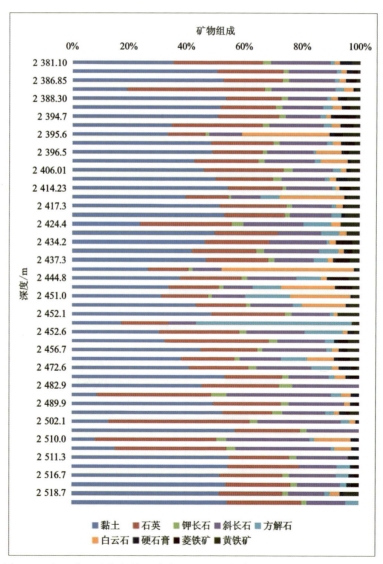

图 3-18 松辽盆地南部长岭凹陷吉页油 1HF 井青山口组一段全岩矿物组成

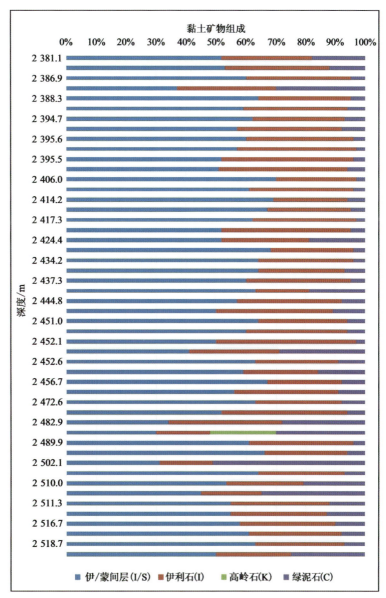

图 3-19 松辽盆地南部长岭凹陷吉页油 1HF 井青山口组一段黏土矿物组成

松辽盆地北部齐平 1 井 X 射线衍射岩石矿物含量实测结果,其钙质含量多为 5%～20%,长英质成分多为 40%～70%,黏土矿物多小于 40%(图 3-20)。其中,粉砂岩类的矿物组成:钙质含量一般为 15%～25%,长英质成分一般为 55%～70%,黏土矿物一般小于 20%;泥岩类的矿物组成为:钙质含量一般小于 10%,长英质成分一般为 50%～60%,黏土矿物一般为 15%～50%。

综合对比分析可以看出,在青山口组深湖相页岩中,松辽盆地南部页岩黏土矿物含量要高于松辽盆地北部。

二、储集空间类型

松辽盆地青山口组页岩中发育大量微观孔隙及微裂缝,孔隙形态呈狭缝形和楔形,根据孔隙的形态可以把泥页岩中孔隙分为 4 种类型,粒间孔、粒内孔、晶间孔和有机质孔(图 3-21)。

粒间孔主要发育在各矿物颗粒之间(图 3-216a、b),其中粘土矿物的颗粒间孔呈细长的楔形和三角

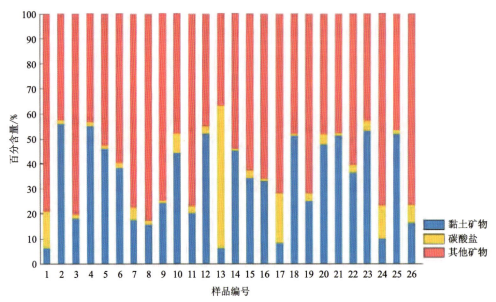

图 3-20　松辽盆地北部古龙凹陷齐平 1 井青山口组一段页岩矿物组成

形,其他矿物颗粒粒间孔主要呈沿颗粒边缘发育。粒间孔主要由石英长石围成,孔径较大,普遍大于 30nm,最大可达 1μm 以上(图 3-21a),由于周围石英长石具有较好的磨圆和分选,其所围成的粒间孔以墨水瓶形态为主,部分较大的粒间孔内可见自生伊利石充填,自生伊利石自石英长石颗粒表面向粒间孔内生长,彼此交织而将较大的粒间孔复杂化(图 3-21b)。

晶间孔根据其存在的矿物可分为伊利石晶间孔、黄铁矿晶间孔和白云石晶间孔,伊利石晶间孔受控于伊利石长条形的形态而呈狭缝状,孔隙短轴较短,普遍小于 20nm,长轴较长,普遍大于 100nm,等效直径普遍小于 30nm(图 3-21c),主要分布在层理发育型泥岩和纹层型泥岩的泥质纹层之中。黄铁矿晶间孔受控于黄铁矿单晶圆球状的形态而呈墨水瓶状,尺寸最大可达 200nm,但普遍为 10~50nm(图 3-21d),主要分布在泥岩之中。白云石晶间孔受控于白云石菱形形态而呈楔形,由于白云石排列紧密,白云石晶间孔普遍小于 10nm,且主要分布在块状白云质泥岩中。

粒内溶孔主要发育在介形虫壳体之上,单个溶孔体积较小,直径最大仅为 50nm,溶孔呈蜂窝状分布在介形虫壳体上(图 3-21e),主要分布在含有介形虫的纹层型泥岩之中。有机质孔在青山口组泥页岩中比较少见,分布规律不明显,孤立分布在有机质之中,直径可达 400nm(图 3-21f)。

岩芯和电镜观察发现,松辽盆地青山口组泥页岩地层裂缝较为发育,多口井的岩芯观察过程中均发现了大量构造缝和微观裂缝的存在(图 3-22、图 3-23),主要为构造应力产生的高角度构造缝,部分裂缝近直立,裂缝规模为 20~65cm,岩芯面可见裂缝 1~10 条,裂缝面多见油显示,部分被方解石充填。此外,青山口组一段泥页岩中层理缝也非常发育,一般与构造裂缝沟通的层理缝表明见油膜。

三、储层物性及孔喉特征

1. 储层物性

松辽盆地青山口组页岩储层物性条件较差,为低孔超低渗储层。实测数据显示,青山口组页岩岩芯样品总孔隙度分布在 4%~12% 之间,平均 7.4%,渗透率分布在 0.0006~0.17mD 之间,渗透率平均为 0.018mD(图 3-24、图 3-25)。核磁共振测井资料解释青一段页岩有效孔隙度为 0.8%~9.0%,平均为 5.1%,平均核磁共振测井渗透率为 $0.15\times10^{-3}\mu m^2$。

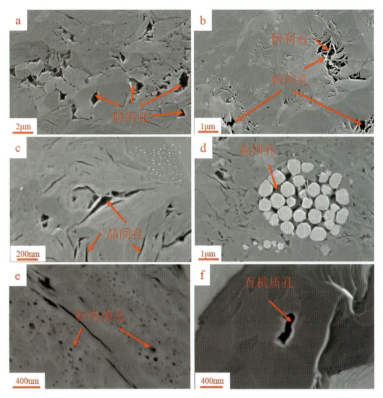

图 3-21 青山口组页岩主要孔隙类型

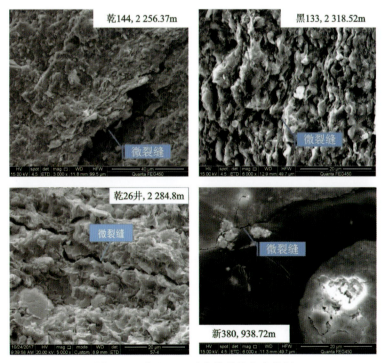

图 3-22 青山口组页岩微裂缝发育特征

(a) 乾262井 青一段

(b) 增深3井 青一段

(c) 乾262井,青一段,2 267.4m

(d) 乾262井,青一段,2 266.51m

(e) 乾深9井:青一段,2 079.4m

(f) 乾144井:青一段,2 252.9m

图 3-23 松辽盆地青一段岩芯构造缝照片

2. 孔径分布

根据页岩的矿物组成-沉积构造和有机质丰度可以把青山口组页岩划分为3种岩相,分别为高 TOC 层状黏土质页岩、中高 TOC 纹层状混合质页岩和低 TOC 互层状长英质页岩(具体划分方案见第四章第二节)。不同类型的页岩具有明显的孔径分布差异。本次研究针对3种岩相页岩样品利用二氯甲烷进行洗油后进行氮气吸附实验可以获得泥页岩样品中所有孔隙的孔径分布。

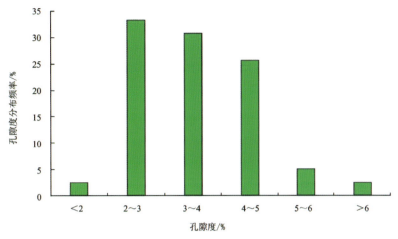

图 3-24 青山口组页岩岩芯实测孔隙度分布图

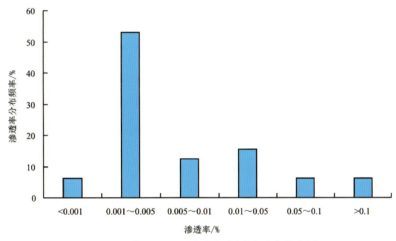

图 3-25 青山口组页岩岩芯实测渗透率分布图

实验结果显示不同岩相具有显著的总孔隙体积和孔径分布差异,如图 3-26 所示,高 TOC 层状黏土质页岩的总孔隙体积最小,为 0.010 5~0.170 1cm³/g,平均为 0.136 1cm³/g,中高 TOC 纹层状混合质页岩的总孔隙体积中等,为 0.011 4~0.017 4cm³/g,平均为 0.014 7cm³/g,低 TOC 互层状长英质页岩的总孔隙体积最大,为 0.012 2~0.022 3cm³/g,平均为 0.018 1cm³/g。

在孔径分布上不同岩相也表现出明显的差异性,在 0~8nm 孔径范围内低 TOC 互层状页岩孔隙体积最大,可达 0.010 9~0.012 1cm³/g,高 TOC 层状黏土质页岩和中高 TOC 纹层状混合质页岩次之,为 0.003 3~0.007 8cm³/g。在 0~8nm 的小孔隙中 TOC 较高的样品孔隙体积较小,主要由于 TOC 较高的样品具有较强的生烃能力,且成熟度在 1% 附近,生成大量胶质沥青质聚集在小孔隙中,即使是二氯甲烷也无法将其全部洗出,而较低 TOC 的样品生烃能力较差,只能靠邻近高 TOC 泥岩供烃,重质原油基本无法进入小孔隙,而小分子的甲烷乙烷等轻质组分可以进入,而在样品取出地表后轻质组分会由于挥发等作用而排出孔隙,同时较大粒间孔中存在大量自生伊利石次生胶结形成大量小孔隙,因此较低 TOC 的样品小孔隙相对较多。在 8~35nm 孔径范围内相对较高 TOC 的样品孔隙体积逐渐增大,与较低 TOC 样品的孔隙体积基本相同,表明在 8nm~35nm 孔径范围内的原油被大量洗出。在大于 35nm 的孔径范围内,中高 TOC 纹层状混合质页岩孔隙体积明显增大,成为孔隙体积最大的岩相,可达 0.003 3~0.004 4cm³/g,主要由石英长石介形虫壳体所围成的粒间孔贡献,而高 TOC 层状黏土质页岩孔隙体积明显减小,成为孔隙体积最小的岩相,仅为 0.001 6~0.002 8cm³/g,主要由于高 TOC 层状黏土质页岩以尺寸较小的黏土晶间孔为主,由石英长石围成的尺寸较大的粒间孔较少,低 TOC 互层状长英质页岩的孔隙体积中等,为 0.002 2~0.002 8cm³/g,主要为石英长石围成的尺寸较大的粒间孔贡献。

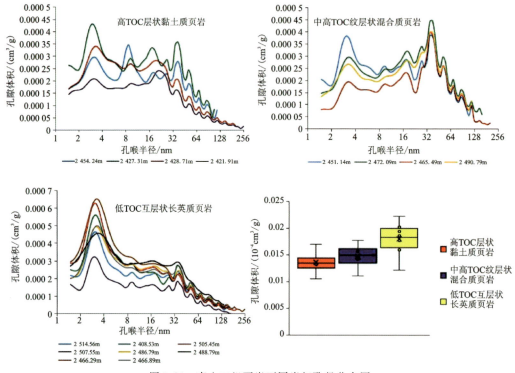

图 3-26　青山口组页岩不同岩相孔径分布图

从不同岩相孔径累积体积曲线图(图 3-27)也可以认识到,高 TOC 层状黏土质页岩中在 3nm 左右孔隙体积增长幅度略大,大于 32nm 的孔隙所占体积相对较少,增长幅度最小,大于 64nm 后增长幅度明显减少;中高 TOC 纹层状混合质页岩中在 3nm 左右孔隙增长幅度略大,但小于高 TOC 层状黏土质页岩,而大于 32nm 的孔隙所占体积相对较大,增长幅度相比其他孔径范围内的孔隙增长幅度明显较大;在低 TOC 互层状长英质页岩中,在 3nm 左右孔隙增长幅度最大,明显大于高 TOC 层状黏土质页岩和中高 TOC 纹层状混合质页岩。所有岩相小于 3nm 孔隙比表面积所占比例最高,主要由黏土矿物围成,可成为重质强极性原油组分的主要吸附空间。

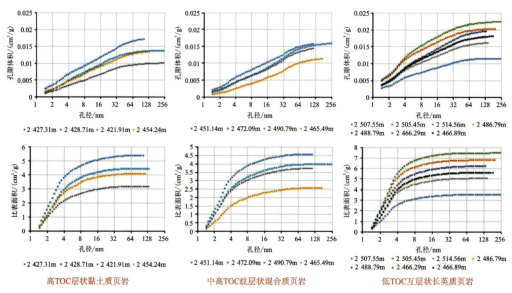

图 3-27　青山口组页岩不同岩相孔径体积和比表面积累积曲线图

第四章　松辽盆地青山口组深湖相页岩油富集机制

第一节　优质页岩成因

一、高黏土页岩的形成背景

松辽盆地青山口组页岩黏土矿物含量高，以吉页油 1HF 井青山口组一段地层为例，黏土矿物平均含量 46.7%，最高可达 57.1%。松辽盆地青山口组页岩沉积时的地质背景决定了高黏土矿物含量的成因。

稳定的构造背景：青山口组沉积期为松辽盆地主要坳陷发育期，地形平缓，构造稳定，为青山口组页岩的沉积提供了有利的构造条件。

缓长斜坡的沉积古地形条件：以松辽盆地南部为例，坳陷期主要发育三大沉积体系，7 条水系（图 4-1），其中，沿盆地长轴方向沉积体系为：保康-通榆三角洲沉积体系和怀德-长春-九台沉积体系；沿盆地短轴方向沉积体系为白城-镇赉沉积体系。来自南部和西南部的沿盆地长轴方向发育的保康-通榆三角洲沉积体系和怀德-长春-九台沉积体系是松南主要的沉积物源搬运沉积区，控制了湖内沉积特征。松辽盆地南部青山口组沿盆地长轴方向发育的三角洲沉积体系是在坡降缓、斜长坡的古地形条件下，曲流河注入湖泊后形成的，在前三角洲相、半深湖相—深湖相带内浊积滑塌岩不发育，主要由黏土级碎屑沉积物形成高黏土矿物含量的页岩。

半深水—深水稳定的水动力条件：松辽盆地具有敞流湖盆特征，在敞流型湖盆的沉积背景下，湖盆内成岩矿物以陆源搬运的碎屑为主，水深及水动力强度决定了矿物组成。在半深水—深水环境，水体稳定，水动力极微弱，陆源搬运来丰富的黏土、泥级碎屑等，通过悬浮、极缓慢分选沉降，最终形成高黏土含量的页岩。

二、页岩有机质富集成因

松辽盆地青山口组页岩有机质丰度高，残留烃含量高，有机质演化程度适中，主要发育Ⅰ、Ⅱ型有机质。但青山口组页岩中有机质分布特征具有明显的非均质性。根据有机质富集特征、岩性特征青山口组页岩自上而下可划分为 3 个层组：1 层组页岩具有高 TOC 特征，热解 S_1 含量高，大于 2mg/g，属于好烃源岩；2 层组页岩具有中高 TOC 特征，热解 S_1 含量较高，分布在 1.5~2mg/g 之间，属于较好烃源岩；3 层组页岩具有中低 TOC 特征，热解 S_1 含量小于 2mg/g，属于中等烃源岩（图 4-2）。

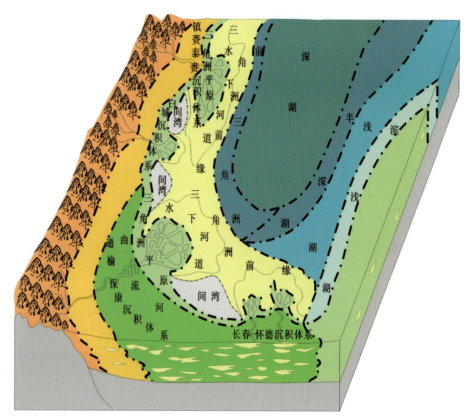

图 4-1　松辽盆地南部早白垩世青山口期沉积体系沉积模式示意图

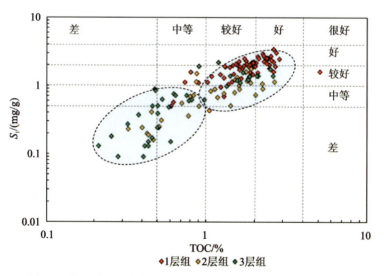

图 4-2　松辽盆地南部青山口组页岩 3 个层组烃源岩品质评价图

基于有机岩石学分析显示,青山口组 1 层组、2 层组页岩有机质以层状藻为主,为水生富氢有机质(图 4-3),有机质类型为Ⅰ型(图 4-4),高烃类生产率(图 4-5);青山口组 3 层组页岩以层状藻为主,含有部分陆源搬运有机质(图 4-6),有机质类型为Ⅱ$_1$和Ⅱ$_2$型,烃类生产率相对低。

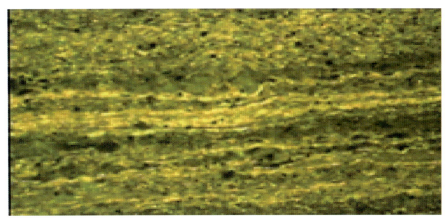

图 4-3　松辽盆地南部青山口组 1 层组页岩镜下有机岩石学分析（以层状藻为主）

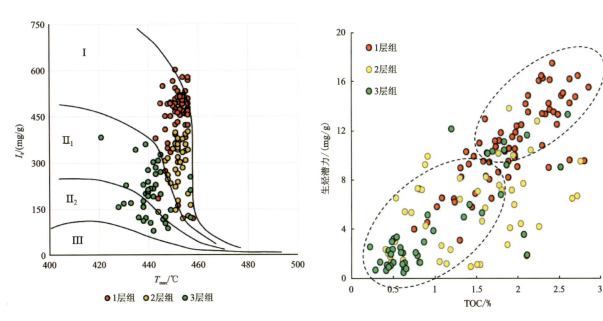

图 4-4　松辽盆地南部青山口组 3 个页岩层组
有机质类型划分

图 4-5　松辽盆地南部青山口组 3 个页岩层组
生烃潜力分析图

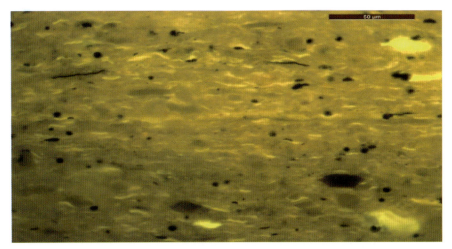

图 4-6　松辽盆地南部青山口组 3 层组页岩镜下有机岩石学分析（层状藻＋搬运有机质）

为了查明松南青山口组富有机质页岩发育机制,在层序地层学分析的基础上,应用无机元素地球化学方法对页岩形成古环境进行了恢复。古气候、古水体盐度、古氧化还原条件及古水体深度和水体能量直接影响了沉积物中矿物元素的分异,从而造成了不同沉积环境矿物元素分布的差异,为元素地球化学特征恢复古沉积环境提供了依据(Jones et al., 1994;Yan et al., 2015;袁选俊等,2015)。基于吉页油1HF井导眼段元素扫描测井及自然伽马能谱测井获得的元素数据,建立了青山口组一段连续的无机地球化学剖面,对沉积时期的古气候、古盐度、古氧化还原条件、古水深及水体能量进行了分析。

通过古环境的反演分析,揭示了不同类型页岩油的成因机制。松辽盆地南部长岭凹陷青山口组页岩沉积经历了3种不同的沉积环境,存在明显的古环境分界面(图4-7)。

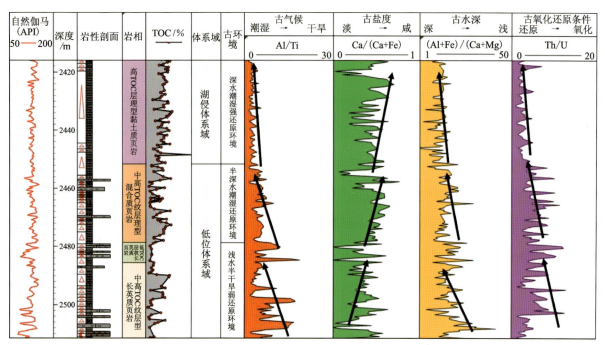

图4-7 青山口组页岩沉积古环境分析(以吉页油1HF井导眼段为例)

在青山口组页岩地层沉积的第一阶段(即3号层组沉积时期)为低位体系域,水体开始加深,但具有阶段性震荡特征,沉积水体以浅水—半深水为主,气候半干旱—半潮湿,以弱还原环境为主,存在2个短时间阶段性弱氧化环境,在该时期由于水体动荡,陆源物质输入较多,主要发育纹层型或互层型页岩。

在第二阶段(即2号层组沉积时期)水体逐渐加深,以半深湖为主,水体变深、呈半深水环境,气候变潮湿,整体以还原环境为主,存在1个短时间阶段性弱氧化环境,在该时期由于水体阶段性变迁,具有一定陆源物质输入,主要发育纹层型页岩。

在第三阶段为水体稳定加深,呈现长期稳定深湖环境,沉积速率较慢,由于水体分层,水体盐度增加,气候变潮湿,并保持相对稳定,形成了湖底盐度高、富硫的强还原环境。在该时期沉积厚层水平层理发育的均质页岩。

总体来看,松辽盆地南部青山口组页岩沉积早期,低位体系域浅水半干旱弱还原环境,沉积主要发育中TOC纹层型页岩;青山口组页岩沉积中期,为低位体系域半深水潮湿还原环境,沉积了中高有机质纹层型页岩;青山口组页岩沉积晚期水体达到最深,青山口组页岩沉积晚期达到最深,呈现盐度分层,为湖侵体系域深水潮湿强还原环境,主要发育高TOC层理发育的均质型页岩。

松辽盆地北部和南部青山口组页岩沉积环境演化具有差异。付秀丽等(2022)、王岚等(2019)对松辽盆地北部古龙凹陷青山口组页岩沉积古环境进行了恢复,研究结果显示:纵向上青一二段气候整体为温湿气候,湖水盐度经历了增加—降低—增加—降低的旋回变化,整体从青一段到青二段古盐度具有变小的趋势。松辽盆地北部古龙凹陷青山口组页岩沉积早期为深湖相微咸水-半咸水环境,气候湿润,整体为还原-强还原环境,主要沉积高有机质高密度纹层黏土质页岩。青山口组页岩中段沉积时期,水体相对变浅,演化为半深湖沉积环境,气候以湿润为主,局部为呈干旱状态,水体古盐度常为淡水—微咸水,其次为淡水—咸水交替环境,整体为还原环境,沉积了高有机质高密度纹层长英质页岩。青山口组页岩上段沉积时期,湖盆水体仍为半深湖为主,但向上逐渐变浅,水体盐度继续降低,主要沉积中低有机质低密度纹层页岩(图4-8)。

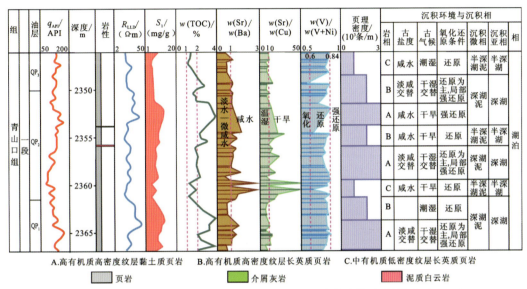

图4-8 松辽盆地北部古龙凹陷青山口组页岩沉积演化柱状图(据付秀丽,2022)

三、高黏土富有机质页岩成因分析

泥页岩有机质丰度及类型等受沉积时期的古气候、湖泊水体的古水深、氧化还原条件、古盐度等环境因素控制(卢双舫等,2008;张小龙,2013;罗曦,2015)。本书以松辽盆地南部长岭凹陷青山口组页岩为例,基于吉页油1井青山口组172个泥页岩样品,系统分析了页岩有机质丰度(TOC)与反映古环境的元素参数进行了相关性分析。结果显示,青山口组页岩有机质富集程度与反应古氧化还原参数及反应古气候参数相关性较高(图4-9),与反应古水体盐度、古水深及水体能量的参数相关性较差,古气候和古氧化还原条件是控制泥页岩有机质富集的主要环境因素,在潮湿还原环境形成的泥页岩有机质类型好,有机质富集,生油量大。

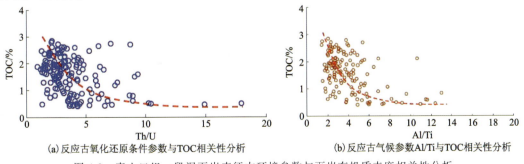

图4-9 青山口组一段泥页岩表征古环境参数与页岩有机质丰度相关性分析

综合考虑烃源岩的有机质特征以及沉积环境等多方面的信息，沉积过程底水含氧量对烃源岩有机质组成和含量具有明显的控制作用，结合前人对沉积有机相的研究，本次研究将青山口组页岩划分为3种沉积环境，即深水强还原环境、半深水还原环境、浅水弱还原环境。沉积环境与烃源岩级别存在良好的对应关系：深水强还原相对应优质富有机质，半深水还原环境相对应优质—好页岩，浅水弱还原环境对应中低有机质丰度页岩（表4-1）。

表 4-1 松辽盆地南部青山口组一段页岩成因分析

沉积环境	体系域	岩相	有机质	有机质类型	TOC 范围	页岩评价
深水强还原环境	湖侵体系域	高 TOC 层理型黏土质页岩	水生富烃有机质层状藻	Ⅰ型	>2.5%	优质
半深水还原环境	低位体系域	中高 TOC 纹层型混合质页岩	水生富烃有机质层状藻	Ⅰ型、Ⅱ$_1$型	>1.5%~2.5%	优质—好
浅水弱还原环境	低位体系域	中 TOC 纹层型长英质页岩	陆源搬运有机质	Ⅱ$_2$型	>0.5%~1.5%	中等

根据上述对青山口组页岩沉积环境及其演化分析，揭示了青山口组高黏土富有机质优质页岩成因，即稳定的构造背景、平缓长斜坡的沉积古地形、稳定的水动力界决定了高黏土矿物含量页岩的形成；半深水—深水还原环境、微咸水、层状藻等湖泊内以源藻为主，水生富氢有机质发育为高 TOC 页岩的形成提供了有利条件。

第二节　有利岩相划分与识别

一、页岩岩相划分

综合上文对青山口组页岩沉积环境分析及页岩有机质发育特征分析，结合青山口组页岩组构特征，松辽盆地青山口组页岩可以划分为3个层组，不同层组页岩岩石沉积构造、矿物组成等方面具有明显差异。

1号层组页岩岩性为纯页岩，不含纹层，不发育粉砂岩，颜色主要为深灰色、灰黑色和黑色，层理缝发育，局部发育高角度裂缝（图4-10）。2号层组页岩岩性为泥岩、粉砂质泥岩，泥岩颜色主要为深灰色、灰色，泥岩内部发育毫米级砂质纹层或介形虫混合纹层（图4-11）。3号层组页岩岩性为泥岩、粉砂质泥岩，局部发育粉砂岩，泥岩颜色主要为灰色，泥岩内部发育砂质纹层，部分泥岩段出现砂泥互层（图4-12）。

基于青山口组一段页岩特征，从沉积构造上来看，总体可以划分为3种类型，层理型、纹层型和互层型。层理型没有明显的颜色、粒度及矿物成分的变化，发育层理缝。纹层型具有明显颜色、粒度及矿物成分变化，纹层可以划分为长英质矿物和介形虫混合纹层及长英质纹层两种类型。互层型发育薄层长英质夹层，发育各类沉积层理。从互层型到层理型，水动力逐渐减弱，长英质含量逐渐减少，TOC 含量逐渐增加，黏土矿物含量逐渐增高（图4-13）。

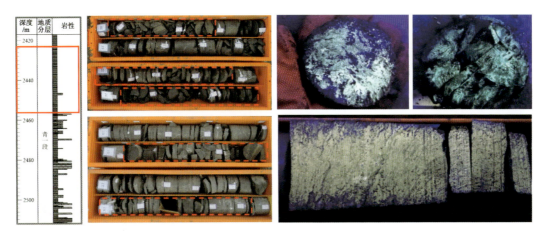

图 4-10　青山口组一段 1 号层组层理型页岩特征

图 4-11　青山口组一段 2 号层组纹层型页岩特征

图 4-12　青山口组一段 3 号层组纹层型页岩特征

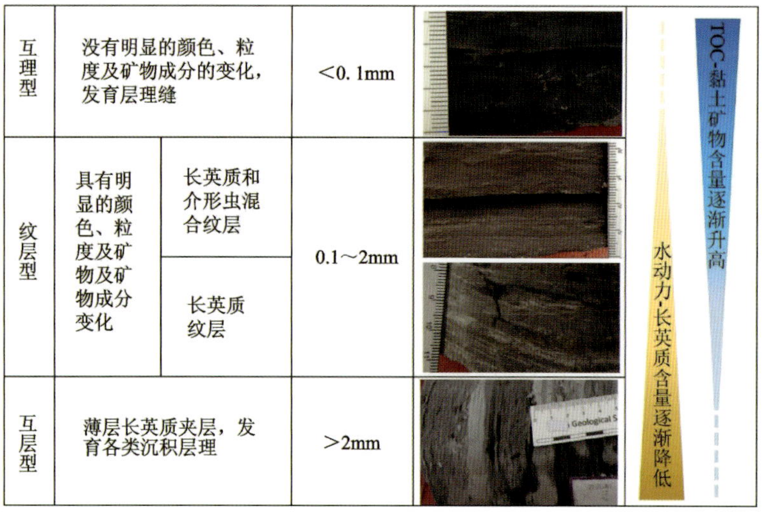

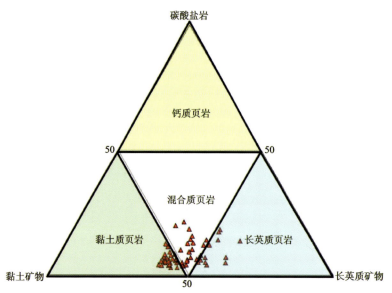

图4-13 青山口组一段页岩沉积沟构造划分图

松辽盆地青山口组泥页岩所含矿物中占主体的为石英、长石、白云石、方解石和黏土矿物,微量矿物为黄铁矿、磷灰石、金红石等。其中,长石、石英等长英质矿物含量在25%~60%之间,黏土矿物组成在25%~56%之间,钙质矿物组成基本在25%以下,少部分在25%以上。依据矿物组成可划分为黏土质页岩、混合质页岩、长英质页岩和钙质页岩4种类型(图4-14)。

图4-14 青山口组一段页岩矿物组成

基于成分-构造-结构及TOC含量等多因素岩相划分方案,对青山口组页岩进行岩相划分,基本可以划分为4种岩相:①高TOC层理型黏土质页岩;②中高TOC纹层型混合质页岩;③中TOC纹层型长英质页岩;④低TOC互层型长英质页岩。

高TOC层理型黏土质页岩[图4-15(a)]发育水平层理构造,颜色均一,呈黑褐色,易沿水平层理面破碎成松散片状,在破碎面上偶见植物碳屑,主要以黏土矿物为主,含量可达63.7%,呈弥漫状分布,石英和长石含量较低,分别为22.4%和7.5%,分选磨圆好,单个颗粒主要被伊利石包围,石英和长石颗粒间直接接触较少。黄铁矿主要以草莓状晶体集合形式孤立分布在样品中,含量较高,可达4.4%,显示出较强的还原条件,白云石、方解石含量较低。

中TOC纹层型混合质页岩由于其纹层型中含有大量介形虫而具有较高的钙质含量[图4-15(b)],呈黑褐色,颜色明显深于单纯的砂质纹层。黏土矿物含量明显低于层理发育型页岩,仅为33.6%。介形虫壳体的成分主要为方解石,局部被白云石和黄铁矿交代,因此造成样品的方解石含量明显升高,达到14.8%,介形虫壳体与石英、长石相互叠置而组成纹层,石英和长石含量较高,分别为26.6%和16.3%。含介形虫壳体的纹层型泥岩中黄铁矿含量明显高于不含介形虫壳体的纹层型泥岩,可达6.5%,甚至略高于高TOC层理发育型页岩,此类岩相中的黄铁矿除了以草莓状晶体集合形式存在外,还以交代介形虫壳体的形式存在,结合样品黑褐色的外观显示出该类岩相沉积时处于较强的还原环境之中。

中TOC纹层型混合质页岩[图4-15(c)]砂质纹层厚度约为2mm,泥质层厚度明显大于砂质纹层。部分砂质纹层中黄铁矿含量明显降低,仅为0.2%左右,显示砂质纹层沉积时水体变为短时间的氧化条件,由于砂质纹层厚度小,纵向分布分散,因此对整个青山口组一段沉积时的还原环境影响较小。

低TOC互层型长英质页岩[图4-15(d)]发育较厚的砂质纹层,单层厚度普遍大于1cm,砂质层和泥质层近等厚互层,砂质层不连续呈透镜状,呈灰白色,周围泥质层呈灰褐色,黏土矿物含量相对层理发育型泥岩明显降低,由57%降为43.9%,主要黏土矿物的存在形式发生明显变化,在砂质层中的黏土矿物主要以自生伊利石为主,分布在石英长石所围成的较大粒间孔内。方解石含量相对增加也主要由砂质层内出现少量钙质胶结引起。

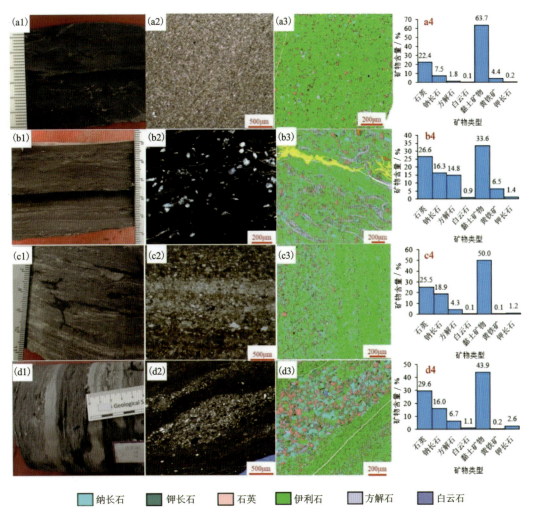

图4-15 青山口组页岩主要岩相特征

二、有利岩相优选

1. 不同岩相发育孔隙类型具有差异

不同的岩相中发育有不同的孔隙类型,通过扫描电镜图像和QEMSCAN可以有效获得不同岩相中不同孔隙类型的相对含量,辅助氮气吸附的吸附脱附曲线可以获得不同岩相以何种孔隙形态为主。

在层理型黏土质页岩中,伊利石晶间孔占主体。以2 428.71m处的层理发育型黏土质页岩为例,伊利石晶间孔约占58.8%,其次为石英长石所围成的粒间孔,约占33.04%,黄铁矿晶间孔约占5.1%,几乎不发育粒内溶孔和白云石晶间孔。

纹层型页岩和互层型页岩具有较高的粒间孔含量,可达36.74%~42.05%,明显高于层理型页岩中的粒间孔含量。纹层型长英质页岩中砂质纹层以石英长石粒间孔为主,泥质纹层以伊利石晶间孔为主。

2. 不同岩相孔隙形态具有差异

通过氮气吸附的吸附脱附曲线可以有效地识别孔隙形态,不同的岩相具有不同的吸附脱附曲线形态(图4-16)。

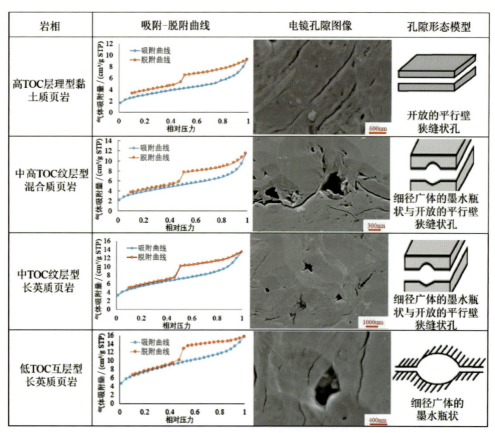

图4-16　青山口组页岩岩相孔隙类型发育特征

高TOC层理型黏土质页岩,吸附-脱附曲线中脱附解凝明显,迟滞环相对较小,反映出平行壁狭缝状孔隙形态占主体,与呈狭缝状的伊利石晶间孔占主体相对应。

中高TOC纹层型混合质页岩、中TOC纹层型长英质页岩的脱附解凝明显，迟滞环相对大于高TOC层理发育型黏土质页岩，反映出细径广体的墨水瓶状与开放的平行壁狭缝状孔占主体，与石英、长石、介形虫壳体组成的粒间孔和介形虫壳体内溶蚀孔发育相对应。

低TOC互层型长英质页岩的迟滞环略大，反映出细径广体的墨水瓶状孔占主体，与石英长石粒间孔发育相对应。

综上所述，高TOC层理型黏土质页岩以开放的平行狭缝状的伊利石晶间孔为主；中高TOC纹层型混合质页岩、中TOC纹层型长英质页岩发育细径广体的墨水瓶状和开放的平行壁狭缝状粒间孔，介形虫壳体内部的粒内溶孔也表现为细径广体的墨水瓶状；低TOC互层型长英质页岩以细径广体墨水瓶状的石英长石粒间孔为主。

3. 纹层型页岩发育可动油富集的有利孔径

为研究泥页岩中真实的孔径分布，对泥页岩样品利用二氯甲烷进行洗油后进行氮气吸附实验，最大程度避免因原油占据孔隙空间而造成实验结果不能反映泥页岩全部孔隙的现象。实验结果显示不同岩相具有显著的孔径分布差异，如图4-17所示，高TOC层理型黏土质页岩发育小于32nm的孔隙，大于32nm的孔隙所占比例较小；中高TOC纹层型混合质页岩小于32nm的孔隙空间较小，发育大量大于32nm的孔隙空间，其比例超过50%；中TOC纹层型长英质页岩和低TOC互层型长英质页岩小于32nm的孔隙量明显高于以上两种岩相，大于32nm的孔隙体积大于高TOC层理型黏土质页岩，低于中高TOC纹层型混合质页岩。

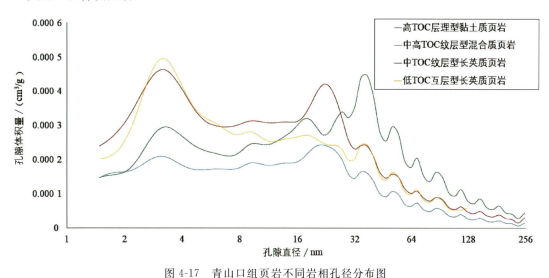

图4-17 青山口组页岩不同岩相孔径分布图

4. 不同岩相页岩原油赋存特征不同

通过荧光薄片的观察也可以发现不同岩相中具有不同的含油特征，在高TOC层理发育型黏土质页岩中，主要以棕黄色的荧光为主，见少量淡蓝色荧光，棕黄色荧光分布较为分散，以星点状弥漫在整个页岩中，少见连片分布的区域，淡蓝色荧光主要分布在层理缝和微裂缝中，显示高TOC层理型黏土质页岩中以极性较强难流动的重质原油组分为主，且分布较分散，而其发育水平层理和垂直构造裂缝，较好地改善了泥岩基质储集空间，形成有效页岩油储集空间，提高了渗流性能[如图4-18(a)]。中高TOC纹层型混合质页岩中可见淡蓝色荧光，且呈条带状断续分布，可见少量棕黄色荧光[如图4-18(b)]，显示中高TOC纹层型混合质页岩中主要以极性较弱、易流动的轻质原油组分为主，部分区域含有极性较强、难流动的重质原油组分。中 TOC 纹层型长英质页岩中淡蓝色荧光区域分布相对分散,单个蓝色荧光区域明显小于中高 TOC 纹层型混合质页岩,砂质纹层中可见面积较大的棕黄色荧光区域,在砂质纹层周围的泥质中也可见星点状分散分布的棕黄色荧光[如图 4-18(c)]。低 TOC 互层型长英质页岩可见淡蓝色荧光区域,连片性较好,砂质纹层中偶见面积较大的棕黄色荧光区域,分布较为孤立,而周围的泥岩中见极少量棕黄色荧光区域,明显少于中高 TOC 纹层型长英质页岩[如图 4-18(d)],显示在低 TOC 互层型长英质页岩中以极性较弱、易流动的轻质原油组分为主。

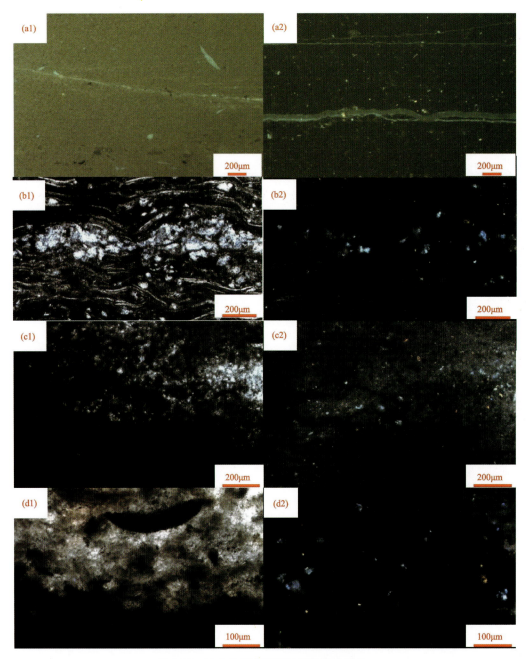

图 4-18 青山口组页岩不同岩相荧光照片

综合以上不同岩相矿物组成、孔隙结构、孔径分布及镜下原油赋存分析,揭示出中高 TOC 纹层型混合质页岩和高 TOC 层理型黏土质页岩是青山口组页岩油富集的有利岩相。

第三节 可动油分布及其影响因素

一、页岩含油性与可动性分布特征

1. 热解参数 S_1

在页岩油含油性评价中,热解残留烃 S_1 可以表征泥页岩中含油性特征。松辽盆地南部青山口组页岩热解 S_1 主要分布在 0.5%～12.6% 之间,平均为 1.9mg/g($N=1100$),大部分岩芯样品小于 4%(图 4-19)。S_1 值纵向分布具有明显的规律性(图 4-20),在 1800～2500m 之间,烃源岩成熟度 R_o 超过 0.8%,烃源岩达到成熟阶段,大量生烃,可溶烃 S_1 达到高值段,在 2200m 左右达到最高值 4mg/g,热解烃 S_2 呈现出与之相反的变化趋势,在 1600m 以深开始减少,在 2000～2500m 达到低值段,这种特征表明了烃源岩中干酪根大量转化为烃类,并且在泥页岩中残留烃量达到最高,页岩中含油最高,是页岩油最为富集的层段,最有利的勘探层段。松辽盆地北部古龙凹陷青山口组页岩 S_1 一般为 1.0～10mg/g,部分井青山口组页岩 S_1 可达 22mg/g,且具荧光显示,S_1 高值及油赋存部位的 $w(TOC)$ 均呈高值。纵向上,古龙页岩油含油性具有自青山口组一段下部向上逐渐变差特点,呈现非均质性,总体呈现 3 段台阶分布,且全区稳定分布。

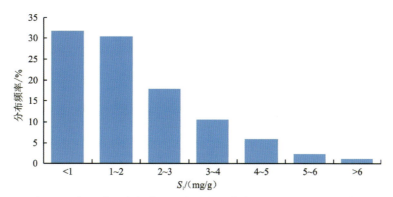

图 4-19 松辽盆地南部典型页岩油取芯井青山口组一段热解分布图

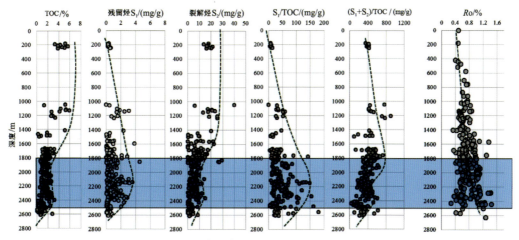

图 4-20 松辽盆地南部青山口组一段含油性地化剖面评价图

在平面分布上,松辽盆地南部青山口组 S_1 相对高值区主要分布在在大安、新北及乾安地区,基本大于 2.0mg/g,最高达 4.0mg/g。S_1 大于 1.0mg/g 的面积可达 $6251km^2$,大于 2mg/g 的面积为 $3912km^2$。松辽盆地北部青山口组一段和二段页岩含油富集区主要分布在齐家-古龙凹陷、大庆长垣南部和三肇凹陷(图 4-21),富油有利区面积为 $1.2×10^4 km^2$;在不同地区残留烃量略有不同,其中最大的区域为齐家-古龙凹陷,S_1 主要集中在 3.5～6.0mg/g 是最好的烃源岩。

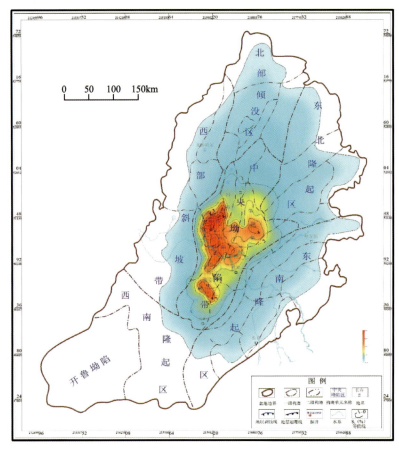

图 4-21　松辽盆地青山口组一段页岩 S_1 平面分布图

2. 可动油指数(S_1/TOC)

在泥页岩层系中,原油的可流动性对于页岩油的评价具有至关重要的作用。可流动的原油是页岩油资源中具有工业价值潜力的部分。在北美页岩油评价中,应用可动油指数(S_1/TOC)表征页岩油的可流动性(Javiel,2012),在北美鹰滩(Eagle Ford)页岩中,S_1/TOC>100 富集区内,主要为工业油流井,在 80<S_1/TOC<100 范围内,主要见页岩油显示井,在 S_1/TOC<80 范围,基本为干井或含少量页岩油井(图 4-22)。在不同的地区 S_1/TOC 参数指标不同。

本书也应用 S_1/TOC 参数表征松辽盆地青山口组页岩油可动性。在松辽盆地盆地南部在纵向上 S_1/TOC 值呈现出先随深度增加而增大,在 2200m 以深,随深度的增加而减小,在 1800～2500m 深度范围内,S_1/TOC 值达到高值段,超过 100,由此认为该层段为页岩油流动性最有利的层段(图 4-20)。本书针对松辽盆地南部 2018 年以来新钻的页岩油评价井岩芯进行了取芯现场地化热解实验分析(图 4-23),结果表明松辽盆地南部长岭凹陷乾安地区吉页油 1HF 井青一段 80% 以上泥页岩 S_1/TOC 值超过 100,最高可达 200;黑 238 和黑 258 两口井,60% 以上的泥页岩 S_1/TOC 值超过 100,最高可达 300。新北地区新380、新381井青一段泥页岩S_1/TOC值较低,基本处于50～100之间。在松辽盆地北部,青二段下部到青一段的页岩的石油超越效应明显,可动油指数(S_1/TOC)达100～400,其中层状页岩和纹层状页岩可动油指数最高(图4-24)。

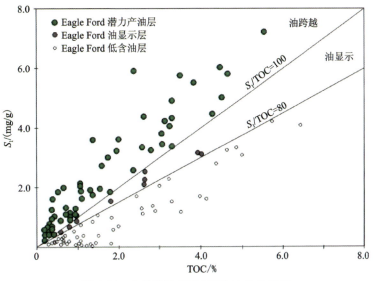

图4-22　北美鹰滩页岩TOC与S_1关系图

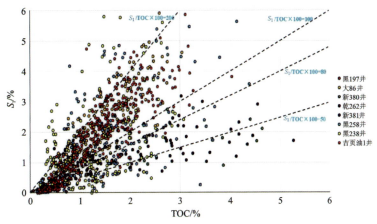

图4-23　松辽盆地南部页岩油取芯井青山口组页岩TOC与S_1关系图

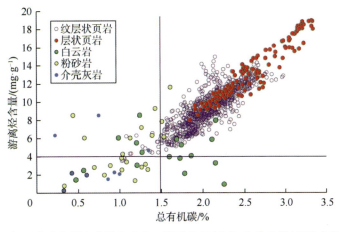

图4-24　松辽盆地北部古龙凹陷青山口组页岩TOC与S_1关系图(据孙龙德,2021)

3. 原油物性

页岩油的可流动性也受原油物性、气油比的影响。原油的密度越低、黏度越低、含蜡量越低，页岩油的可流动性越强。页岩的埋藏深度和有机质热演化程度对于页岩油的富集及可流动性都有直接的影响。本书针对松辽盆地南部青山口组页岩残留烃组分进行了分析，以期评价页岩中原油性质。对 209 块泥页岩样品残留烃组分进行统计分析的结果表明，纵向上，在埋深达到 2000m 以深，页岩残留烃中的饱和烃＋芳香烃的含量基本超过 60%（图 4-25），表明页岩中残留的烃类以轻质组分为主，页岩油的性质可能以中—轻质油为主。松辽盆地南部青山口组砂岩储层中已经探明的原油主要来源于青山口组富有机质页岩，通过针对已经开采出的原油物性分析可以看出，在纵向上当青山口组地层埋深超过 2000m，原油密度基本小于 0.86g/cm^3，原油黏度（50℃）小于 20MPa·s，原油物性好，易于流动（图 4-26）。松辽盆地北部古龙地区青山口组页岩油地面原油密度总体小于 0.84g/cm^3，地层原油黏度普遍小于 0.8MPa·s，胶质含量为 $8.0\%\sim18.6\%$，沥青质含量为 $0\sim0.4\%$，平均饱和烃含量为 84.2%，芳烃含量为 9.7%；气油比随着成熟度的增高逐渐变大，位于凹陷深部的古页油平 1 井的生产气油比达 $400\text{m}^3/\text{m}^3$ 以上，页岩油物性总体上古龙凹陷要优于南部的长岭凹陷。

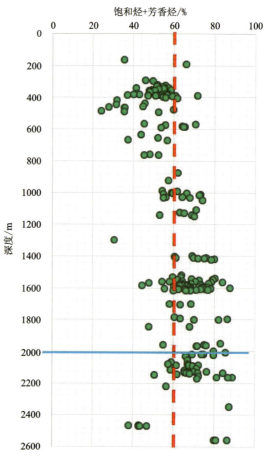

图 4-25 松辽盆地南部青山口组页岩残留烃中饱和烃＋芳烃组分含量随深度变化图

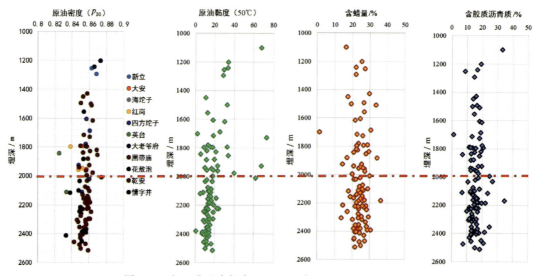

图 4-26 松辽盆地南部青山口组已采出原油物性纵向变化

二、有机质演化程度控制了页岩可动油宏观分布

页岩的有机质演化程度控制了可动油的宏观分布层段。有机质演化程度越高,页岩大量的有机质转为烃类,滞留在页岩中的残留烃富集,且页岩中残留烃类中的轻质组分含量越高。基于建立的松辽盆地南部青山口组页岩地球化学剖面可以确定松南陆相页岩可动油宏观富集下限:热演化程度(R_o)达到0.8%,埋深超过1600m;确定松南陆相页岩可动油宏观富集层段为1600~2600m(图4-20)。

三、页岩岩相控制了可动油宏观分布

不同岩相具有不同的TOC含量、矿物组成及孔隙特征,在一定程度上控制了页岩的可动性。本书通过分温阶热解法测定了松辽盆地南部青山口组页岩中可动烃的含量,基于此类数据分析了页岩矿物组成、有机质丰度及孔隙特征等对可动油分布的控制作用。

页岩中矿物组成控制了青山口组页岩中可动油的含量。通过矿物组成与可动油含量相关性分析表明,黏土矿物含量与可动油呈负相关关系,黏土矿物含量越高,吸附能力越强,吸附烃含量越高,可动油含量越低(图4-27);石英、长石等长英质矿物含量与可动油呈正相关关系,长英质矿物含量越高,可动油越富集(图4-28)。

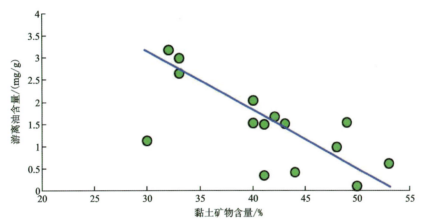

图4-27 青山口组页岩黏土矿物含量与可动烃含量相关性分析(分温阶热解法)

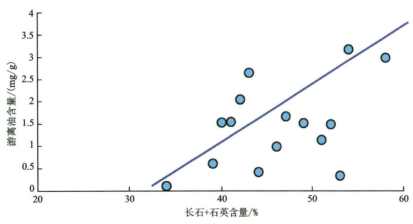

图4-28 青山口组页岩石英+长石矿物含量与可动油含量相关性分析(分温阶热解法)

页岩中有机质的丰度也控制可动烃的分布,有机质含量越高,可动烃越富集,页岩油的可动性越好(图4-29)。

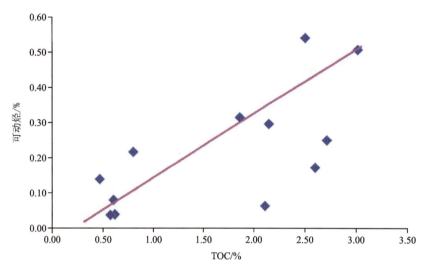

图4-29　青山口组页岩中TOC含量与可动烃分布相关性分析(分步抽提试验法)

因此,通过以上分析可以初步确定,有机质含量较高、长英质矿物含量较高、黏土矿物含量较低的中高TOC纹层型混合质页岩可动烃富集,页岩油可动性高。

为进一步确定不同岩相中可动油的分布特征,明确极性较弱易流动组分和极性较强难流动组分的相对含量,本次研究采用分步抽提方法结合氮气吸附获得不同性质原油所占据的孔隙空间。首先对原始样品不做任何处理进行氮气吸附实验,可以获得原始样品未被原油占据的孔隙空间分布特征,这一部分空间可能之前由易挥发的轻质原油占据。然后用正己烷对样品进行洗油,此步骤洗掉的原油主要为极性较弱易流动的组分,正己烷洗油结束后对岩石样品进行氮气吸附实验,此时获得的孔隙空间主要为极性较弱的易流动组分和易挥发组分所占据的孔隙空间。最后利用二氯甲烷对样品进行洗油,此步骤洗掉的原油主要为极性较强难以流动的组分,二氯甲烷洗油结束后对岩石样品进行氮气吸附实验,此时获得的孔隙空间基本为泥页岩中所有原油所占据的孔隙空间,也可能存在极难被二氯甲烷抽提的组分,在此不进行讨论。分步抽提实验后,各岩相具有明显差异的孔隙变化特征。

对于高TOC层理型黏土质页岩,原始样品中未被原油占据的空间体积较小,仅为0.0023 cm^3/g,主要分布在8~64nm的孔径中,在正己烷抽提出极性较弱的易流动组分后,孔隙空间明显增加,变为0.0076 cm^3/g,主要增加的孔隙空间分布在小于32nm的孔隙空间内,在二氯甲烷抽提出极性较强的难流动组分后,孔隙空间进一步增加,变为0.0137 cm^3/g,小于32nm的孔隙空间进一步增加,同时大于32nm的孔隙空间略有增加,主要由于高TOC层理型泥岩以孔径较小的伊利石晶间孔为主,自身大孔径就相对较少,所以大于32nm的孔隙空间增长有限,同时高TOC层理型黏土质岩自身具有较强的生烃能力,生成的原油中既有易流动组分又有难流动组分,直接聚集在泥页岩内部,即使小孔隙内也有大量难流动组分。

中高TOC纹层型混合质页岩原始孔隙量明显高于层理型页岩,达到0.0071 cm^3/g,主要分布在8~64nm空间范围内,正己烷抽提出极性较弱的易流动组分后,孔隙量增加为0.0138 cm^3/g,各孔径范围具有较大幅度增加,二氯甲烷抽提出极性较强的难流动组分后,孔隙量进一步增加为0.0177 cm^3/g,在小于32nm的孔隙范围内孔隙增量最大,虽然在32~128nm处孔隙量减小,但出现大量大于128nm的孔隙,主要由于极性较强难流动组分占据大孔隙时,单个孔隙体积较小,在被二氯甲烷抽提出后,单个大孔隙中的孔隙空间得到恢复,由于中高 TOC 纹层型混合质页岩具有一定的生烃能力,因此生成的极性较强的难流动组分直接充注在小于 32nm 的孔隙空间内,同时也具有较大的石英长石介形虫壳体组成的粒间孔,大孔隙中也充注大量原油。

中 TOC 纹层型长英质岩和低 TOC 互层型长英质页岩原始孔隙量明显高于前三类岩相,特别是在小于 32nm 的孔隙空间范围内,其中中 TOC 纹层型长英质页岩为 0.007 2cm³/g,低 TOC 互层型长英质页岩为 0.012 2cm³/g,可能是砂质纹层状泥岩中易挥发组分较多,在岩芯取出后短时间内就已经挥发。在正己烷抽提后中 TOC 纹层型长英质页岩和低 TOC 互层型长英质页岩各孔径范围的孔隙空间均有较大增加,分别变为 0.016 3cm³/g 和 0.018 6cm³/g,在二氯甲烷抽提后,孔隙增加幅度有限,分别变为 0.016 5cm³/g 和 0.019 5cm³/g,但两者存在微小差异,在小于 32nm 孔隙空间范围内,中 TOC 纹层型长英质页岩具有少量的增加,而低 TOC 互层型长英质页岩基本没有增加,表明中 TOC 纹层型长英质页岩自身具有一定的生烃能力,生成少量极性较强难流动组分充注进入小孔隙中。在大于 32nm 孔隙空间范围内中高 TOC 纹层型长英质页岩和低 TOC 互层型长英质页岩均有少量的增加,表明在大孔隙中含有少量的极性较强难流动组分。

综合正己烷和二氯甲烷抽提后的总体孔隙增量可以认识到不同岩相所含的原油组具有明显差异(图 4-30)。高 TOC 层理型黏土质页岩中极性较强难流动组分所占的孔隙体积明显高于极性较弱易流动组分所占孔隙体积,进一步表明高 TOC 层理型黏土质页岩中主要以极性较强难流动组分为主。其他 4 类岩相中极性较弱易流动组分所占孔隙体积高于极性较强难流动组分所占体积,特别是中 TOC 纹层型长英质页岩和低 TOC 互层型长英质页岩,其极性较弱易流动组分含量明显高于极性较强难流动组分。而中高 TOC 纹层型混合质质页岩,其极性较弱易流动组分略高于极性较强难流动组分。

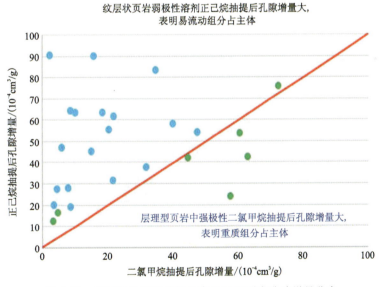

图 4-30　不同极性溶剂抽提后青山口组页岩孔隙增量分布

综合分布抽提实验可以确定,纹层型页岩,弱极性溶剂抽提后孔隙增量大,表明易流动组分占主体;层理型黏土质页岩,强极性溶剂抽提后孔隙增量大,表明页岩基质中重质难流动组分占主体。

在岩芯宏观观察上可看到,青山口组高 TOC 层理型黏土质页岩发育水平层理缝且局部发育高角度裂缝,在裂缝面能够见到很好油显示,成像测井显示页揭示了相同的特征。纳米 CT 扫描成像揭示:层理型页岩发育水平层理缝且局部发育高角度裂缝,形成裂缝网络,沟通了泥岩基质储集空间,形成有效页岩油储集空间（图4-31）。表明层理缝和裂缝改善了黏土型页岩的基质渗流能力，为基质孔隙中的油提供了储存空间，并且提高了可动性能。

图4-31　青一段层理型页岩纳米CT扫描特征

分温阶热解实验页表明纹层型页岩、层理型黏土质页岩游离油含量高，总含油量中游离油比例较高，轻质组分含量高；互层型页岩总含油量低，且游离油含量低，游离油比例低，轻质组分含量低（图4-32）。

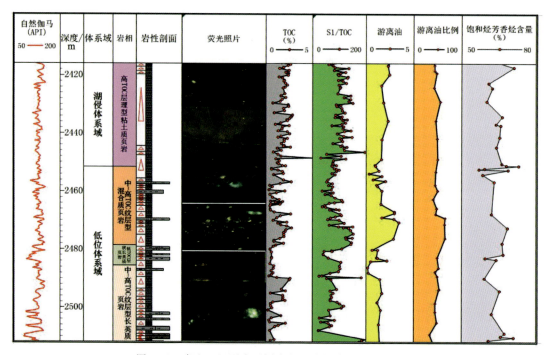

图4-32　青山口组页岩不同岩相可动性特征纵向评价图

轻烃色谱实验分析也证实：纹层型页岩、层理型黏土质页岩游离油含量高、烃分子的轻重比高、烃分子呈双峰分布；互层型页岩游离油含量低、烃分子的轻重比低、烃分子呈单峰分布（图4-33）。

岩相	游离油量 μg/g	主峰碳	C021−/022+	C021+022/028+C29	色谱图
中高 TOC 纹层型混合质页岩	1 389.49	C19	3.02	7.21	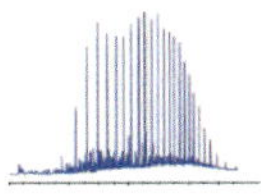
高 TOC 层理型黏土质页岩	1 259.304	C19	3.12	6.66	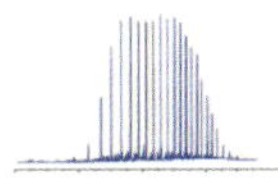
中高 TOC 纹层型长英质页岩	1 028.72	C19	2.60	3.76	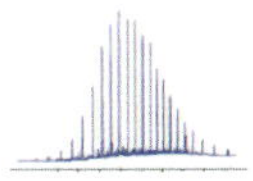
低 TOC 层状长英质页岩	450.97	C19	1.11	2.77	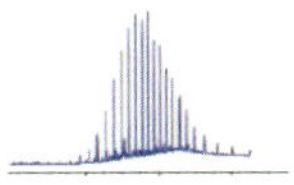

图 4-33 青山口组不同岩相页岩轻烃色谱特征

四、孔隙结构控制了可动油的微观分布

页岩油属于原位聚集成藏，孔隙发育程度即孔隙度的大小决定了页岩油可动性。结合页岩游离烃"S_1"与孔隙度的散点图（图 4-34），可以发现 S_1 与孔隙度呈正相关关系，随着孔隙度的增加页岩的游离烃含量逐渐增加。这是因为烃源岩生成的石油会优先储集在自身的孔隙之中，之后才会通过幕式排烃作用排出源岩，而页岩油是由于排烃不畅而残留在烃源岩中的石油，因此页岩内孔隙度的大小决定了页岩油的可动烃的富集程度，高孔隙度的源内"甜点"区是页岩油勘探的重点。

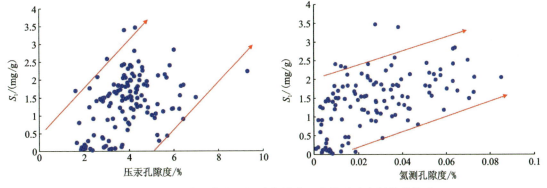

图 4-34 松辽盆地青山口组页岩层系 S_1 与孔隙度之间的的关系

通过图 4-35 中的趋势线可以看出，S_1 含量与平均孔径大小呈正相关关系，随着平均孔径的变大，S_1 和氯仿沥青"A"含量逐渐增加。松南盆地页岩含油性较好的点均具有较高的平均孔径，页岩的含油性上限受平均孔径大小的控制，页岩油主要储集在较大的孔隙中。

通过电镜观察和分步抽提后氮气吸附所测的孔径分布曲线可以清晰地看到泥页岩孔隙中含有大量重质组分充填整个孔隙空间，即使在伊利石晶间孔收缩尖灭部位的孔隙中也可见原油（图 4-36a），在粒间孔壁的表面同样吸附有大量的原油（图 4-36b），在正己烷和二氯甲烷抽提后，所有孔径范围内的孔隙量均有显著增高，显示出页岩油可以储集在极小的孔隙空间中，但在这些孔隙空间中哪些部位的原油可动才是最具有现实意义的。

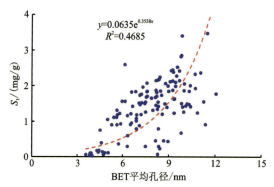

图 4-35　松辽盆地青山口组页岩含油性与 BET 平均孔径之间的关系

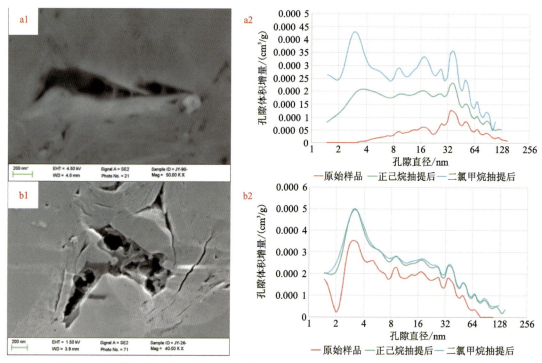

图 4-36　扫描电镜下青山口组页岩孔隙中含油照片与不同溶剂抽提后孔径分布特征

为研究地温条件下可动原油的分布,本次研究主要利用 6% 的 KCl 溶液对泥页岩样品在 90℃ 条件下进行长时间连续加热的方法获得地温条件下可动油的分布特征,实验结果显示在经过 6%KCl 溶液 90℃ 长时间连续加热后,各岩相均有明显的孔隙体积增大,且各个孔径范围内也均有增加(图 4-37),但与正己烷和二氯甲烷抽提后孔隙的分布相比较,所有岩相基本在小于 32nm 处增量很少,主要增量出现在大于 32nm 的孔隙空间内。

对于高 TOC 层理型黏土质页岩,总孔隙体积由原始的 0.002 3cm³/g 增长为 0.003 0cm³/g(图 4-38),通过孔径分布曲线可以认识到各孔径范围内孔隙体积均有少量增加,通过孔隙累计曲线可以认识到在小于 32nm 孔径范围内孔隙增加幅度较小,而在 32～64nm 处孔隙增加幅度大,大于 64nm 孔径孔隙体积基本不增加。

对于中高 TOC 纹层型混合质页岩,总孔隙体积由原始的 0.004 4cm³/g 增长为 0.007 1cm³/g,通过孔径分布曲线可以认识到各孔径范围内孔隙体积均有增加,增加幅度大于高 TOC 层理型黏土质页岩,通过孔隙累计曲线可以认识到在小于 32nm 孔径范围内孔隙增加幅度较小,而在大于 32nm 孔径范围内孔隙体积大幅增长(图 4-38)。

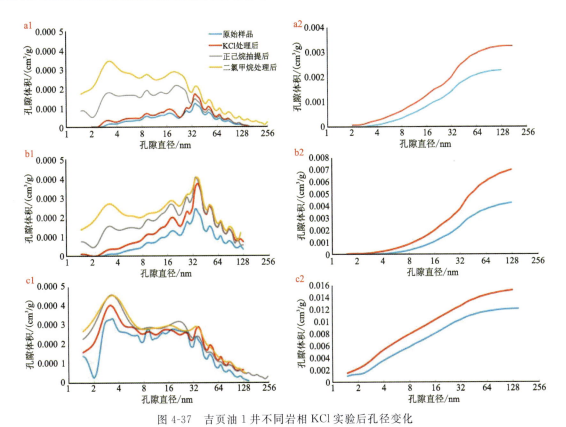

图 4-37 吉页油 1 井不同岩相 KCl 实验后孔径变化

a1.2 428.71m,高 TOC 层理发育型黏土质页岩,孔径分布曲线;a2.a1 孔径累计曲线;b1.2 490.79m,中高 TOC 纹层型含介形虫长英质页岩,孔径分布曲线;b2.b1 孔径累计曲线;c1.2 488.79m,低 TOC 互层型长英质页岩,孔径分布曲线;c2.c1 孔径累计曲线

对于中 TOC 纹层状长英质页岩,总体孔隙体积由原始的 0.008 9cm³/g 增长为 0.014 6cm³/g,各孔径范围内孔隙体积增长明显,通过孔隙累计曲线可以认识到在大于 8nm 孔径后孔隙体积就开始快速增长。

对于低 TOC 互层型长英质页岩,总体孔隙体积由原始的 0.012 2cm³/g 增长为 0.015 2cm³/g,各孔径范围内孔隙体积增长幅度基本一致(图 4-38)。

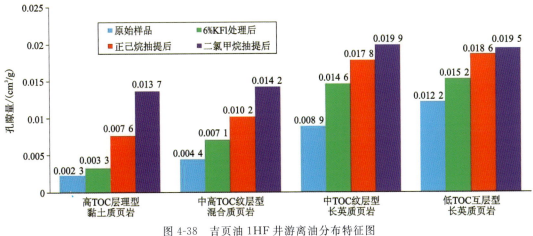

图 4-38 吉页油 1HF 井游离油分布特征图

通过以上镜下检测分析及分步抽提实验证实:页岩中滞留烃重质组分主要分布在小于 32nm 的孔隙中,轻质组分在大于 32nm 的孔隙内更为富集,且在地温条件下可动油也主要分布在大于 32nm 的孔

隙空间内，小于 32nm 的孔隙空间中可动油极少。初步确定 32nm 孔隙是可动油赋存的下限。

第四节　深湖相页岩油富集模式

综合以上分析，基于已发现的页岩油发育特征及不同类型页岩油富集主控因素的研究，总结提出了两种类型的页岩油富集模式，分别为：层理富集型和纹层富集型，其中纹层富集型还可划分为纹层混合质页岩型和纹层长英质页岩型（图 4-39）。

层理发育型页岩油富集在泥岩基质孔隙及层理缝中，一般分布在半深湖相—深湖相中，页岩形成于缺氧还原有机质相。页岩中原油流动特征表现为总残留烃高，总孔隙度高，但主要以小孔径的基质孔为主，孔隙类型以黏土矿物晶间孔为主，游离组分含量中等，在层理缝发育，结合局部的构造缝组成的缝网系统，大大改善了页岩的储集性能，为可动油富集提供了空间，该类型页岩油在吉页油 1 井 1 号页岩层组得到证实。

纹层型混合质页岩油主要赋存在介形虫和砂质纹层粒间孔中，该类型页岩一般分布在半深湖相，形成于半深水还原环境，页岩有机质丰度中高，含油性好，页岩中原油流动特征表现为总残留烃高，且轻质组分含量高，流动性好，该类型页岩油在吉页油 1 井 2 层组得到证实。

纹层型长英质页岩油主要赋存在砂质纹层粒间孔中，该类型页岩一般分布在浅湖相，形成于浅水弱还原环境，页岩有机质丰度中等，含油性一般，非均质性强，页岩中原油流动好，该类型页岩油在吉页油 1 井 3 层组得到证实。

页岩油富集模式		微观特征	沉积背景	有机质丰度	含油性	流动特性	实例
层理富集型	层理型黏土页岩	层理缝含油	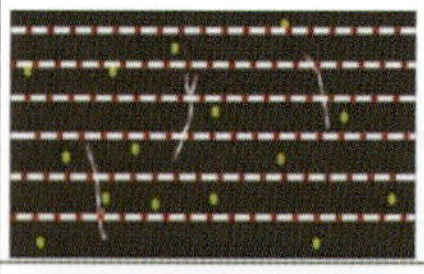 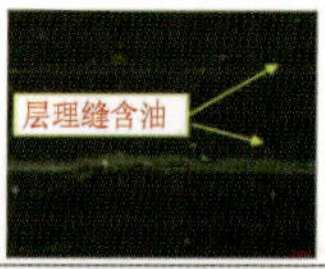 深水强还原环境	高TOC	好	层理缝和构造缝改善了渗流性能，增加流动性	吉页油1井1号层组
纹层富集型	纹层型混合质页岩	粒间孔含油	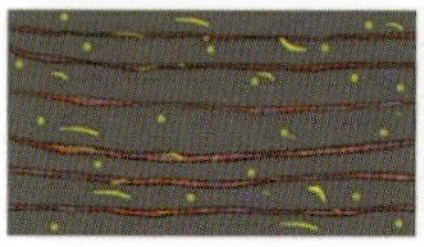 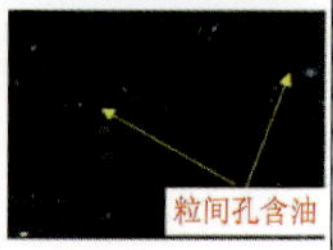 半深水还原环境	中高TOC	好	介形虫、砂质纹层粒间孔发育，轻质组分含量高，流动性好	吉页油1井2号层组
纹层富集型	纹层型长英质页岩	纹层粒间孔含油	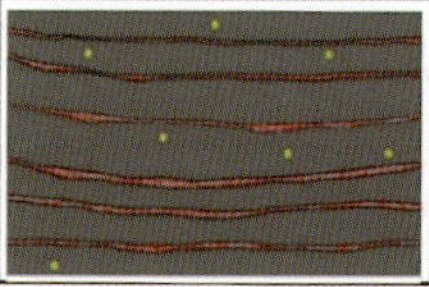 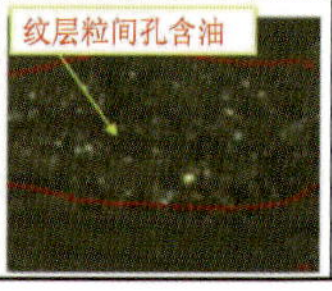 浅水弱还原环境	中低TOC	一般	砂质纹层粒间孔发育，轻质组分含量高，流动性较好	吉页油1井3号层组

图 4-39　松辽盆地青山口组页岩油富集模式图

第五章 松辽盆地青山口组页岩油有利区优选与资源潜力评价

第一节 松辽盆地青山口组页岩油评价单元划分与有利区优选

一、评价层系与评价单元

松辽盆地青山口组页岩主体埋深在2000～3000m范围内,有机质成熟度处于0.5%～1.6%之间,勘探实践证实页岩中游离油富集,是松辽盆地页岩油评价的重点层系。青山口组一、二段沉积时期广泛分布的深湖—半深湖相沉积环境,沉积了厚度达320m巨厚的暗色泥页岩,根据页岩沉积特征和含油规律纵向上可划分为青山口组一段和青山口组二段两套页岩油富集层系,青山口组一段和二段页岩发育具有差别。青山口组一段暗色页岩主要发育在齐家-古龙凹陷、大庆长垣、三肇凹陷和长岭凹陷,厚度一般为70～100m;青山口组二段页岩在齐家-古龙凹陷、大庆长垣、三肇凹陷和长岭凹陷普遍发育,古龙地区最厚超过200m。除此之外,青二段页岩整体页岩油发育条件相对青一段页岩略差。因此,松辽盆地青山口组页岩油资源评价纵向上按照青一段和青二段两个页岩富集层段进行评价(图5-1)。

根据青一段和青二段两套页岩的发育特征,结合页岩有机质的分布规律和成熟度演化规律,可以将松辽盆地划分为齐家-古龙凹陷、三肇凹陷和长岭凹陷3个评价单元。

二、有利区优选标准

北美页岩油气成功的经验之一就是根据页岩区块的地质条件和工程条件开展分级评价,Barnett页岩评价以区域地质条件为基础,以富含有机质页岩为目标,以构造、沉积、有机地球化学等资料为依据,进行区域页岩油气富集条件分析和资源潜力研究。参考北美页岩油评价思路,按照中国页岩油气勘探进程及一般表述,本次评价,将页岩油富集区域层级由大到小一次划分为核心区、有利区和远景区三大类,分别对应Ⅰ、Ⅱ、Ⅲ级资源潜力。

核心区是指在页岩油有利区的内部,富有机质页岩内残留烃富集且含量较高,并且具备可流动性,在自然条件下或经过储层改造后可能获得工业油流的区域。主要的评价指标是在有利区的基础上,提高页岩的厚度、有机质丰度、成熟度、含油性等参数的标准,增加可动性参数的约束。

有利区是指在富有机质页岩发育的基础上,页岩层系中滞留烃富集,通过钻探能够或可能获得页岩油流的区域。主要的评价指标是在潜力区评价的基础上,提高页岩的厚度、有机质丰度、成熟度等参数的标准,且增加含油性参数(热解S_1或氯仿沥青"A")的约束。

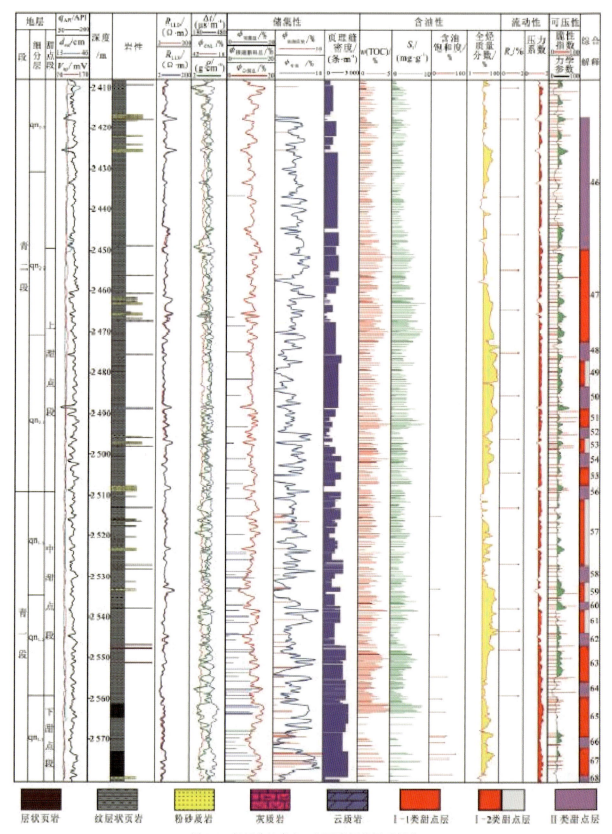

图 5-1 松辽盆地青山口组页岩评价层系划分

远景区是指具备页岩油形成基本地质条件的区域,具有一定厚度的富有机质页岩发育区,即页岩油发育的潜力区。主要的评价指标是页岩的厚度、有机质丰度和成熟度。

分级分类评价页岩油资源类型及级别,可以回答不同级别、不同类型页岩油资源量及其分布的实际问题,指出不同勘探开发策略的页岩油富集区域,可以为油田页岩油规划提供有效支撑。不同机构单位的分级标准并不统一,目前没有形成一致的认识,分级的主观性较强。卢双舫等(2012)提出了基于利用烃源岩含油量与TOC关系的"三分性",按富集程度将页岩油气分为分散(无效)资源、低效资源和富集资源3级;在含油量与TOC的关系曲线上,分散资源对应稳定低值段,低效资源对应上升段,而富集资源对应稳定高值段。此方法被广泛应用,然而此标准忽略了页岩热演化程度对页岩含油性的影响,且含油量与TOC的关系曲线的三分线画法具有多解性,分级标准并不能客观的确定。

本次评价基于对不同类型湖盆有机质富集类型、演化模式、页岩含油性分布规律等的认识,建立了不同类型盆地游离油含量的判别模型,提出了不同湖盆类型页岩油高效资源、有效资源与无效资源分级标准(表5-1)。

表5-1 页岩油分级评价标准

页岩油分级评价参数	Ⅰ级	Ⅱ级	Ⅲ级
TOC/%	淡水湖盆页岩>4 咸化湖盆页岩>2	2<淡水湖盆页岩<4 1<咸化湖盆页岩<2	淡水湖盆页岩<2 咸化湖盆页岩<1
R_o/%	淡水湖盆页岩>1.0 咸化湖盆页岩>0.7	0.8<淡水湖盆页岩<1.0 0.5<咸化湖盆页岩<0.7	淡水湖盆页岩<0.8 咸化湖盆页岩<0.5
游离烃含量/(mg/g)	>4	>2	<2
TI可动指数 (S_1/TOC)	>150	100~150	<100
特征	高效资源,可动程度高,首选的评价和勘探对象比较现实可利用的资源	中效资源,可动程度中等,储备资源	低效资源,吸附烃为主,可动用程度较低,需要新的技术方法

三、有利区优选结果

由于松辽盆地勘探程度较高,地质认识较为清晰,本次评价主要针对页岩有利区中的富集资源进行评价。松辽盆地青山口组页岩属于淡水-微咸水湖盆沉积的页岩,主要发育长英质页岩,页岩中纹层和页理发育。按照本次评价提出的页岩油分级评价标准,基于对青一段和青二段页岩关键参数的全区编图,通过要素叠合的方法确定了有利区,在有利区的基础上进一步优选了核心区(图5-2、图5-3)。评价结果显示(表5-2),松辽盆地青一段页岩油有利区面积共为11 033.63km²,其中齐家-古龙凹陷有利区面积4 278.9km²,三肇凹陷有利区面积为3 702.7km²,长岭凹陷有利区面积为3 052.03km²。松辽盆地青二段有利区面积总计4 505.5km²,其中,齐家-古龙凹陷有利区面积2 206.56km²,三肇凹陷有利区面积为923.95km²,长岭凹陷有利区面积为1 373.99km²。

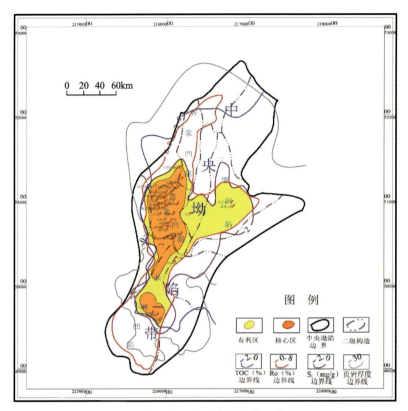

图 5-2 松辽盆地青一段页岩油有利区优选评价图

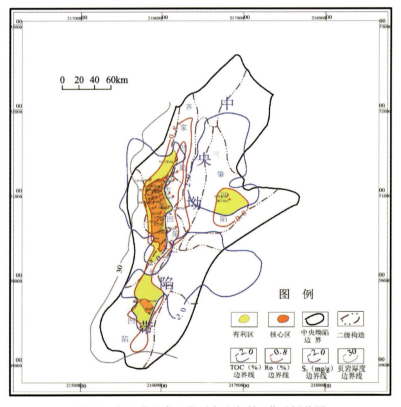

图 5-3 松辽盆地青二段页岩油有利区优选评价图

表 5-2　松辽盆地青山口组页岩油有利区与核心区优选结果

盆地	坳陷	凹陷	层位	有利区面积/km²	核心区面积/km²
松辽盆地	中央坳陷	齐家-古龙凹陷	青一段	4 278.9	3 299.82
		三肇凹陷		3 702.7	0
		长岭凹陷		3 052.03	1 567.62
		齐家-古龙凹陷	青二段	2 206.56	1 107.94
		三肇凹陷		923.95	0
		长岭凹陷		1 373.99	445.52

第二节　松辽盆地青山口组页岩油资源潜力评价

一、评价方法与参数取值

1. 评价方法

松辽盆地热解数据相对较多，可以覆盖盆地整体，本次评价选用热解 S_1 体积法。本次对于松辽盆地页岩油资源评价采用自主研发的页岩油资源评价软件，采用面积积分法直接实现页岩油资源量的计算。主要思路是首先基于构造数据进行盆地建模，并进行工区网格划分，然后输入体积法评价参数空间数据，并依据网格进行空间插值运算，计算出每一个网格单元的体积和每个网格资源量，并将所有网格单元的资源量在空间上计算成图，可以显示三维空间下页岩油资源量的分布。

2. 评价关键参数取值

1）页岩油有利面积

主要通过关键参数叠合法确定页岩油有利面积，具体评价结果见表 5-2。

2）页岩有效厚度

页岩的有效厚度主要基于单井岩相划分及含油性的评价，确定单井有效页岩厚度并进行空间成图（图 3-3、图 3-4）。

3）含油率

松辽盆地 3 个页岩油有利区均进行了页岩油勘探，都具有新取芯页岩油井，本次评价基于松辽盆地北部齐家—古龙地区松页油 1 井、松页油 2 井、松页油 3 井、古页油平 1 井、英页 1 等井和松辽盆地南部吉页油 1HF 井、乾 262 井、黑 197 井、黑 258 井、黑 238 井、大 86 井、查 34-7 井、新 380 井等新井新鲜岩芯热解数据可以明确不同层段页岩油含油性的特征，结合页岩的空间分布和含油性与有机质丰度的相关模型，可以确定页岩 S_1 值平面分布规律。

本次通过吉页油 1HF 井青一段岩芯分温阶热解实验与常规热解对比确定重烃校正系数（k 重烃）为 2.1（图 5-4），根据吉页油 1HF 井青一段泥岩取芯后立即实测热解 S_1 值与放置两个月后实测热解 S_1 数据对比确定轻烃校正系数为 0.79（图 5-5），综合确定松辽盆地热解 S_1 校正系数为 2.89。基于上述获得的校正系数，结合青山口组页岩热演化程度平面分布特征，针对青山口组页岩实测 S_1 进行空间网格化校正，从而获得校正后的页岩含油率分布（热解 S_1）（见图4-21）。

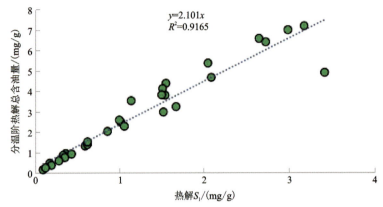

图 5-4 松辽盆地青山口组页岩岩芯分温阶热解与常规热解数据对比

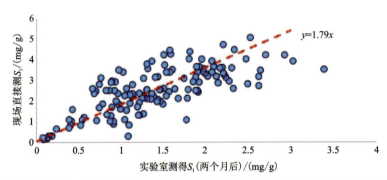

图 5-5　松辽盆地青山口组页岩岩芯取芯后立即实测与放置两个月后实验室实测 S_1 数据对比

4）页岩岩石密度

岩石密度主要是基于测井资料确定。松辽盆地南部长岭凹陷乾安地区泥岩以纹层型泥岩为主，岩石密度实测为 2.45g/cm^3。长岭凹陷大安—塔虎城地区以纯页岩为主，岩石密度为 2.4g/cm^3。松辽盆地北部主要发育页理发育型页岩，页岩的岩石密度也为 2.4g/cm^3

5）可采系数

松辽盆地已经在古龙页岩油示范区和长岭凹陷进行了多口页岩油开发井试采，积累生产时间达到 2~3 年，可以进行单井 EUR 计算，基于单井最终可采储量计算模型计算分析，古龙页岩油示范区 11 口井预测 EUR 达到 2.0~2.7 万 t，其中重点计算，松页油 1HF 井 EUR 预测结果为 0.86 万 t，松页油 2HF 井 EUR 预测结果为 0.58 万 t，古页油平 1 井预测 EUR 为 2.2 万 t；松辽盆地南部长岭凹陷吉页油 1 井预测 EUR 约为 1.3 万 t。

基于微地震检测结果及油藏渗流分析，在松辽盆地北部选取均质油藏、水平井体积压裂、矩形不渗透边界模型，根据页岩油生产动态数据得到的压力及其导数双对数曲线模型、Blasingame 曲线模型以及压力产量历史曲线模型 4 个图版拟合结果分析，计算单井缝控储量。其中，古龙页岩油区松页油 1HF 井供液面积可达 200m×911m，折算供液半径 100m，地层系数 $1.7×10^{-3} \mu\text{m}^2 \cdot \text{m}$，地层平均有效渗透率 $0.17×10^{-3} \mu\text{m}^2$，表皮系数为 -8.8，计算单井动态缝控储量 $13.55×10^4$ t。松页油 2HF 井供液范围 123m×774m，折算供液半径 61.5m，地层系数 $0.142×10^{-3} \mu\text{m}^2 \cdot \text{m}$，地层平均有效渗透率为 $0.029×10^{-3} \mu\text{m}^2$，表皮系数为 -7.38，计算单井动态储量 6.42 万 t。古页油平 1 井供液面积 600m×1600m，折算供液半径 300m，地层系数 $18.2×10^{-3} \mu\text{m}^2 \cdot \text{m}$，地层平均有效渗透率为 $0.727×10^{-3} \mu\text{m}^2$，表皮系数为-8.38,计算动态缝控储量40.2×10⁴ m³。松辽盆地南部吉页油1HF井单井缝控体积1 412.1万 m³,折算供液半径120m,计算单井动态缝控储量22.54万 t。

基于以上分析可以计算不同井可采系数(表5-3),计算结果显示松辽盆地青山口组页岩油可采系数处于5.77%～6.35%。之间,并且页岩油可采系数与页岩成熟度线性正相关(图5-6),因此,可以基于成熟度参数可以预测不同区域页岩油可采系数。

表5-3 松辽盆地青山口组页岩油典型井可采系数计算结果

评价井	井控储量/万 t	EUR/万 t	计算可采系数/%	Ro/%
松页油1HF井	13.55	0.86	6.35	1.1
松页油2HF井	6.42	0.38	5.92	1
古页油平1井	40.2	2.92	7.26	1.5
吉页油1HF井	22.54	1.3	5.77	0.9

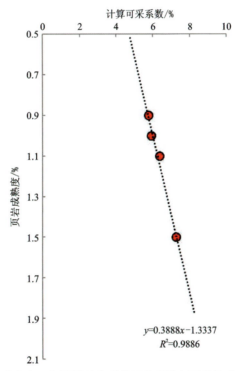

图5-6 松辽盆地青山口组页岩油典型井可采系数与页岩热成熟度相关关系图

二、评价结果

基于中国地质调查局油气资源调查中心自主研发的评价软件,对松辽盆地青一段和青二段页岩油资源量进行了计算(图5-7、图5-8),结果如下(表5-4):松辽盆地青山口组页岩油地质资源量总计75.42亿 t,其中青一段59.48亿 t,青二段15.94亿 t。按照页岩油分级标准进行评价,其中核心区也就是Ⅰ级资源39.34亿 t,Ⅱ级资源36.08亿 t。在平面上齐家古龙凹陷35.84亿 t,三肇凹陷18.46亿 t,长岭凹陷21.12亿 t(图5-9)。

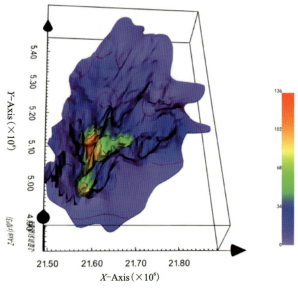

图 5-7 松辽盆地青一段页岩油资源丰度分布图

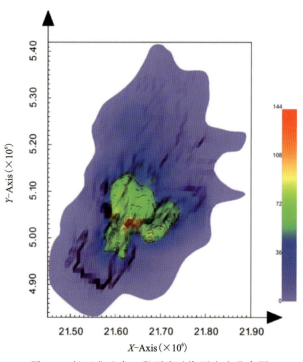

图 5-8 松辽盆地青二段页岩油资源丰度分布图

松辽盆地青山口组页岩油可采资源量总计 4.55 亿 t,其中青一段页岩油可采资源量为 3.63 亿 t,青二段页岩油可采资源量为 0.93 亿 t。平面上,齐家-古龙凹陷青山口组页岩油可采资源量最高,达到 2.31 亿 t,长岭凹陷次之,青山口组页岩油可采资源量达到 1.21 亿 t,三肇凹陷青山口组页岩油可采资源量相对较低,为 1.04 亿 t(表 5-4)。

表 5-4 松辽盆地青山口组页岩油资源潜力评价结果

评价单元	层位	有利区面积/km²	平均有效厚度/m	平均资源丰度/(万 t/km²)	平均可采系数/%	页岩油地质资源量/亿 t	页岩油可采资源量/亿 t	地质资源量总计/亿 t	可采资源量总计/亿 t
齐家-古龙凹陷	青一段	4278.9	65	64.5	6.5	27.81	1.81	75.42	4.55
三肇凹陷		3702.7	60	42	5.7	15.55	0.89		
长岭凹陷		3052.03	64	52.8	5.77	16.11	0.93		
齐家-古龙凹陷	青二段	2206.56	52	36.4	6.2	8.03	0.50		
三肇凹陷		923.95	60	31.5	5.2	2.91	0.15		
长岭凹陷		1373.99	56	36.4	5.5	5.00	0.28		

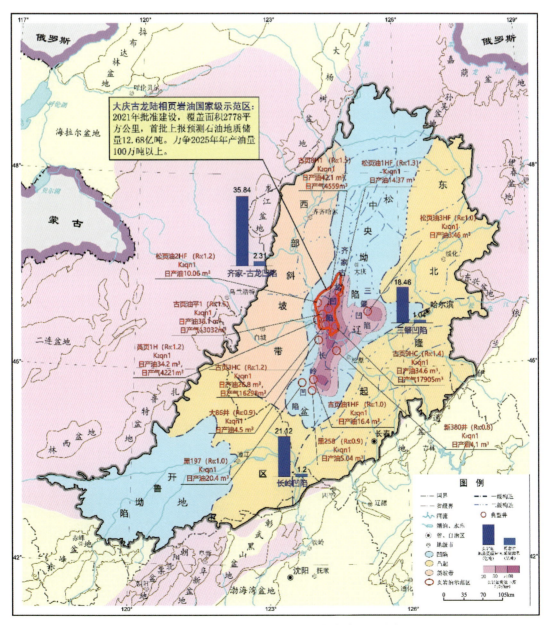

图 5-9 松辽盆地页岩油勘探开发形势与资源量分布图

第六章 深湖相页岩油测井评价方法

作为非常规储层，页岩在岩性、储集特征、流体赋存状态及测井响应等方面均与常规储层存在很大差异，常规测井技术难以满足陆相页岩储层的评价与"甜点"优选。松辽盆地青山口组页岩以纯页岩型为主，不仅黏土含量高，孔隙结构复杂，而且纹层页理发育、各向异性强。如何利用测井资料，精确评价页岩油储层参数，认识"甜点"层段空间分布，评价资源潜力，是页岩油取得重大突破的关键，也是对测井技术极限的挑战。

陆相页岩特殊的地质特征对测井资料采集提出了更高要求，微电阻率成像测井系列、多极子阵列声波、核磁共振、地层元素测井等一系列新技术测井方法丰富了陆相页岩测井采集信息，为准确获取陆相页岩特征参数、可靠评价陆相页岩储层特征提供了重要的依据。

目前，针对陆相页岩储层的测井评价方法主要体现在以预测页岩油"甜点"为目标的"七性"（岩性、物性、电性、含油气性、脆性、生烃特性和地应力各向异性）评价以及"三品质"（源岩品质、储集层品质、工程品质）评价。以连续深度的电学、核学、声学和力学等测井信息开展"七性"关系分析，精细地评价源岩品质、储集层品质和工程品质并对其量化分类，优选出"甜点"层段。

第一节 页岩非均质性测井评价方法

一、页岩有机非均质性的测井评价

1. 方法原理

富有机质泥页岩在测井表现为"五高一低"，即高中子、高声波时差、高电阻率、高自然伽马、高铀含量及低密度，并且有机碳含量高的层段其自然伽马和铀曲线值相对较高。由于泥岩层的导电性较好（岩石骨架及孔隙内地层水均导电），所以，在地层剖面上此类地层一般表现为低电阻率（含钙质地层除外）。但富含有机质的泥岩层，由于导电性较差的干酪根和油气的出现，其电阻率总是比不含有机质的同样岩性的地层电阻率高。因此可以利用电阻率作为成熟泥页岩的有机质丰度指标。一般情况下，泥岩的声波时差随其埋藏深度的增加而减小（地层压实程度增加）。但当地层中含有机质或油气时，由于干酪根（或油气）的声波时差大于岩石骨架声波时差，因此，就会造成地层声波时差增加。依据这种原理由EXXON/ESSO石油公司提出的$\Delta\lg R$法是目前国内外最为普遍和成功应用的由测井资料评价TOC的技术。该技术以预先给定的叠合系数将算术坐标下的声波时差和算术对数坐标下电阻率曲线叠合（常用的叠合系数为$0.02\text{ft}/\mu\text{s}$，有时也用其他值，但都没有把叠合系数视为影响计算有机碳精度的变量），令两条曲线在细粒非生油岩处重合，并确定为基线位置。基线确定后，则两条曲线间的间距在对数电阻率坐标上的读数即为$\Delta\lg R$。在含油气的储集岩或富含有机质的非储集岩中，两条曲线之间存在$\Delta\lg R$，利用自然伽马曲线及自然电位曲线可以辨别和排除储集层段。在富含有机质的泥岩段，两条曲线的分离有两种情况：在未成熟的富含有机质的岩石中还没有油气生成，两条曲线之间的差异仅由声波时差曲线响应造成；在成熟的烃源岩中，除了声波时差曲线响应之外，因为有液态烃类存在，电阻率增加，使两条曲线产生更大的间距(图6-1)。

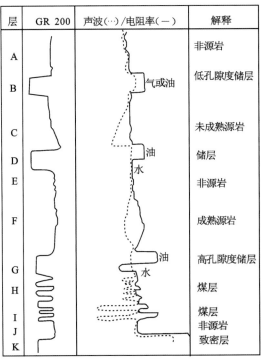

图6-1 $\Delta \lg R$方法识别高含有机质地层示意图(据Passey et al.,1990)

根据声波、电阻率叠加计算$\Delta \lg R$的方程为：

$$\Delta \lg R = \lg 10(R/R_{基线}) + 0.02(\Delta t - \Delta t_{基线}) \tag{6-1}$$

式中，$\Delta \lg R$为两条曲线间的距离；R为测井仪实测电阻率($\Omega \cdot m$)；$R_{基线}$为基线对应的电阻率($\Omega \cdot m$)；Δt为实测的声波时差($\mu s/ft$)；$\Delta t_{基线}$为基线对应的声波时差($\mu s/ft$)；0.02则为对数坐标下的一个电阻率单位与算术坐标下一个声波时差周期$50\mu s/ft$的比值。$\Delta \lg R$与有机碳呈线性相关，并且是成熟度的函数，由$\Delta \lg R$计算有机碳的经验公式为：

$$TOC = \Delta \lg R \times 10(2.297 - 0.168\,8LOM) + \Delta TOC \tag{6-2}$$

式中，TOC为计算的有机碳含量(%)；LOM反映有机质成熟度，可以根据大量样品分析(如镜质体反射率、热变指数、T_{max}分析)得到；或从埋藏史和热史评价中得到；ΔTOC为有机碳含量背景值。

此方法计算有机碳含量需要确定LOM和ΔTOC，需人为读取基线值，并且预先给定叠合系数。其存在以下问题：LOM选取不当时，计算有机碳的绝对含量将产生整体误差，对缺少成熟度参数的地区，该方法的应用也受到限制；ΔTOC需人为确定，误差较大；读取基线的过程比较繁琐且容易引进误差；预先给定叠合系数K很可能影响计算有机碳含量的精度。

在松辽盆地青山口组页岩TOC测井预测研究上，我们对上述模型进行了优化与改进，通过拟合公式法选取合适的K值来改善$\Delta \lg R$与TOC之间的相关度。将上述固定的归一化系数0.02改为待定系数K，则：

$$\Delta \lg R = \lg(R/R_{基线}) + K(\Delta t - \Delta t_{基线}) \tag{6-3}$$

其中

$$K = \lg(R_{max}/R_{min})/(\Delta t_{max} - \Delta t_{min}) \tag{6-4}$$

K值的物理意义为每个对数坐标下电阻率的单位个数对应的声波时差($1\mu s/ft$)单位个数；式(6-3)中$\lg(R/R_{基线})$是无量纲的，$(\Delta t - \Delta t_{基线})$是有量纲的，$K$值的地质意义为将$(\Delta t - \Delta t_{基线})$转化为无量纲的数,使$(\Delta t-\Delta t_{基线})$与$\lg(R/R_{基线})$量级相当,共同构成$\Delta \lg R$。当规定对数坐标下的每个电阻率单位对应算术坐标下$50\mu s/ft$声波时差刻度范围时,$K$值为0.02。

2. 方法应用与验证

基于此方法,本次研究中选取实测TOC数据较多且具有连续的岩性剖面和完整的测井资料的吉页油1井、黑238井和新381井等多口新钻的页岩油专探井进行建模,结果显示实测TOC和预测结果相关性系数分别达到0.8以上(图6-2、图6-3)。除了评价页岩的TOC外,基于此方法,还可预测页岩的含油性参数,如游离烃含量(S_1)、可溶有机质含量(氯仿沥青"A"),预测可靠程度分别达到0.91和0.79(图6-4、图6-5)。

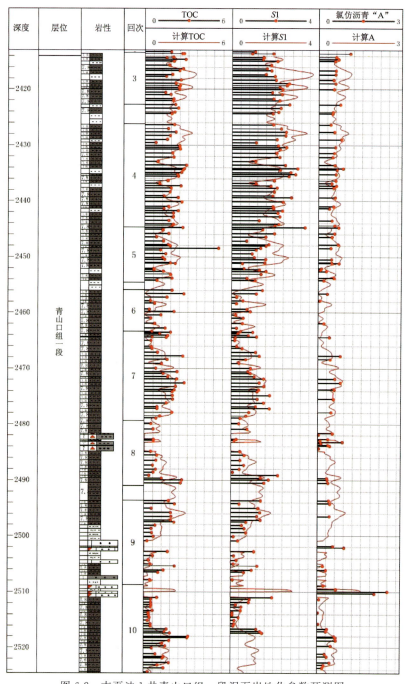

图6-2 吉页油1井青山口组一段泥页岩地化参数预测图

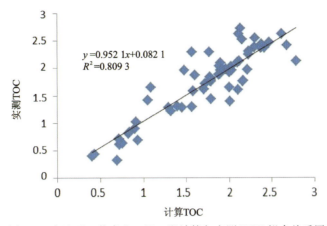

图 6-3　吉油页 1 井青山口组一段计算与实测 TOC 拟合关系图

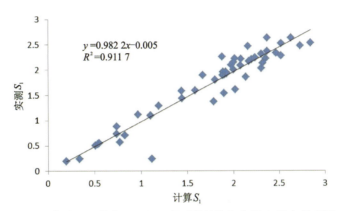

图 6-4　吉油页 1 井青山口组一段下部计算与实测 S_1 拟合关系图

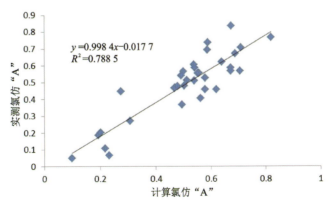

图 6-5　吉油页 1 井青山口组一段上部计算与实测氯仿"A"拟合关系图

利用模型井吉页油 1 井的 RLLD-AC 模型分别计算出查 34-7 井、大 86 井垂向上 TOC 与 S_1 连续分布，将计算值与实测值进行对比，如图 6-6 和图 6-7 所示，计算值与实测值也较为吻合，表明预测结果具较好的可靠性。

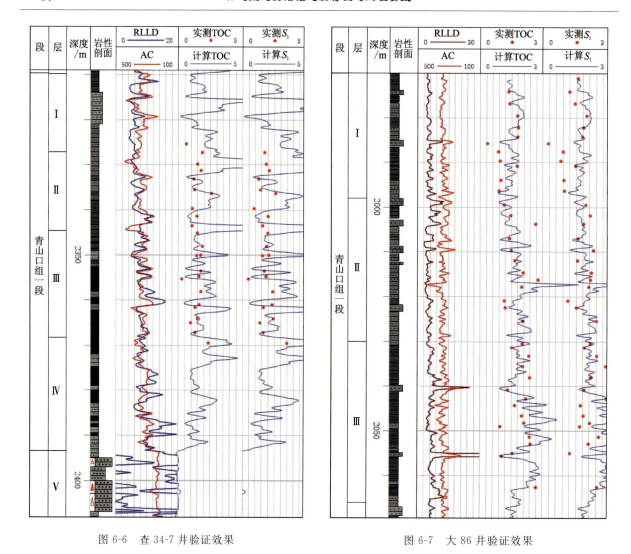

图 6-6 查 34-7 井验证效果　　　　　　　　图 6-7 大 86 井验证效果

二、页岩无机非均质性测井评价

一般认为泥页岩主要由黏土矿物构成,其次为石英、长石等碎屑矿物及少量的自生非黏土矿物,包括碳酸盐、硫酸盐、硫化物、硅质等矿物和铁、锰、铝的氧化物和氢氧化物等。然而,实际地层中泥页岩矿物组成及其含量变化较大,在平面及纵向上表现出极强的无机矿物组成非均质性,即无机非均质性,其对泥页岩裂缝发育及储层改造具有一定的控制作用。因此,泥页岩无机非均质性研究有助于揭示泥页岩矿物组成平面及纵向分布特征,对于评价泥页岩储层可压裂性以及寻找页岩储层工程"甜点"具有重要的意义。

基于测井原理可知,测井各个参数的响应是地层中矿物组成及流体综合特征的体现,因此,通过建立测井曲线与矿物组分响应方程即可确定矿物含量(图6-8)。本次研究在大量松辽盆地页岩矿物组成分析的基础上,按着页岩段平均的矿物组成,且考虑其富有机质特征,建立了页岩岩石体积物理模型,基于 BP 神经网络算法和中子-密度差值算法建立了松南青山口组一段泥页岩黏土矿物的计算模型。

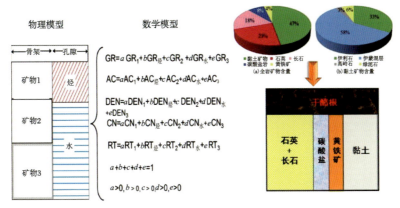

图 6-8　松辽盆地青山口组页岩矿物组分预测基本原理

1. BP 神经网络原理

BP 神经网络是一种按误差反向传播算法训练的多层前馈网络,是目前应用最广泛的神经网络模型之一。BP 神经网络能够学习和存储大量输入、输出模式映射关系,而无需事前揭示描述这种映射关系的数学方程,其学习规则是最速下降法,通过反向传播不断调整网络的权值和阈值,使网络误差平方和最小(王爽等,2009)。BP 神经网络具有高度的非线性,并行分布的处理方式,具有很强的容错性和很快的处理速度,其能够通过学习包括正确答案的实例集自动提取"合理的"求解规则,即具有自学习能力,具有一定的推广、概括能力和自适应能力。

BP 神经网络模型拓扑结构包括输入层(input layer)、隐含层(hide layer)和输出层(output layer)。BP 神经网络所采用的学习过程由正向传播处理和反向传播处理两部分组成。在正向传播过程中,输入层模式从输入层经隐含层逐层处理并传向输出层,每一层神经元状态只影响下一层神经元状态,如果在输出层得不到期望的输出,则转入反向传播,此时,误差信号从输出层向输入层传播并沿途调整各层间连接权值及各层神经元的偏置值,以使误差信号不断减小。BP 神经网络算法实际上是求误差函数的极小值,其通过多个学习样本的反复训练并采用最速下降法,使得权值沿误差函数的负梯度方向改变,并收敛于最小点。

2. 模型建立与应用

松南地区吉页油 1 井、黑 238 井、黑 197 井、大 86 井无机矿物组分测试数据较多,测井数据齐全,以其为建模井,以 AC、CN、DEN、GR、RT 测井曲线为基础,采用 BP 神经网络算法建立黏土矿物评价模型。结果显示,各井黏土含量计算值与实测值具有较好的相关性,相关系数在 0.7 左右(图 6-9～图 6-12)。

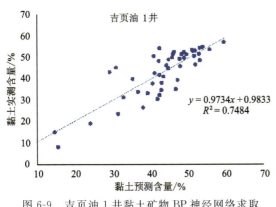

图 6-9　吉页油 1 井黏土矿物 BP 神经网络求取
模型效果评价图

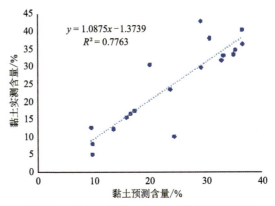

图 6-10　黑 238 井黏土矿物 BP 神经网络求取
模型效果评价图

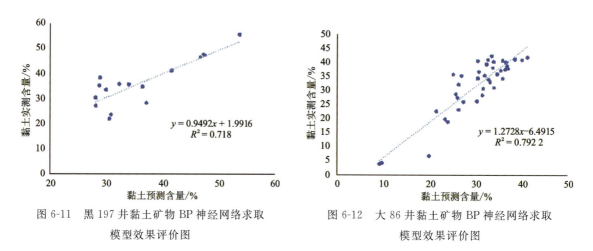

图 6-11 黑 197 井黏土矿物 BP 神经网络求取模型效果评价图

图 6-12 大 86 井黏土矿物 BP 神经网络求取模型效果评价图

从各井的综合柱状图可以看出,黏土矿物含量计算值和实测值整体变化趋势一致,显示了良好的建模效果,BP 神经网络矿物计算模型能够较好地预测泥页岩纵向矿物组成连续分布(图 6-13、图 6-14)。

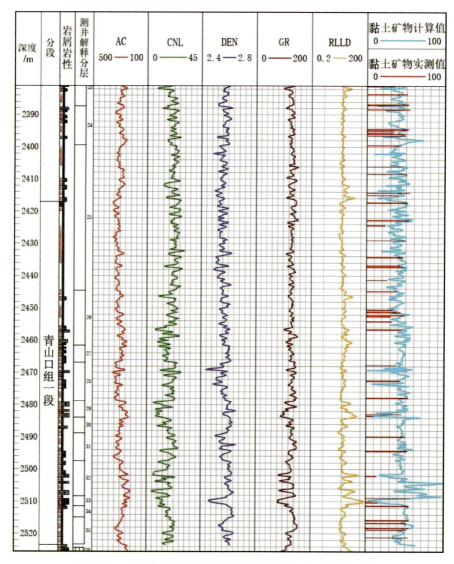

图 6-13 吉页油 1 井黏土矿物 BP 神经网络求取模型效果图

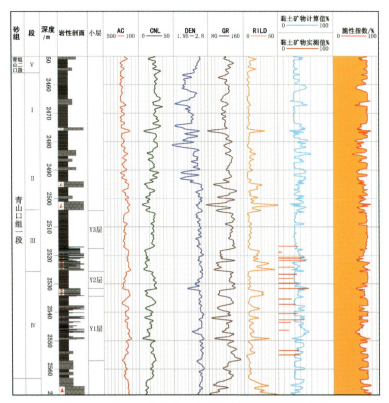

图 6-14 黑 197 井黏土矿物 BP 神经网络建模效果图

三、页岩岩相测井识别与评价

陆相页岩由于其矿物组成及沉积构造复杂,可以划分为纹层状页岩相、层状页岩相、粉砂质岩相、灰质岩相和云质岩相等多种岩相,不同的岩相在常规测井、元素测井和成像图上具有不同的测井响应特征。通过测井资料准确识别出页岩油富集的有利岩相对于页岩油"甜点"优选、水平井靶窗的确定具有重要的作用。综合对比岩芯岩相与测井相关系,建立不同岩相测井响应模式,进而进行老井页岩岩相精细划分,从而可以预测有利岩相的平面发育范围。

吉页油 1 井研究证实长岭凹陷青山口组一段页岩主要发育两类有利岩相——页理发育型黏土质页岩相和纹层状混合质页岩相。以吉页油 1 井为基础,结合黑 238 井、大 86 井、新 381 井等青山口组一段页岩油井岩相与测井资料的综合分析,查明了研究区两类页岩的测井响应特征。

高 TOC 层状黏土质页岩有机质含量高、黏土矿物含量高、含油性好、层理缝发育,测井响应特征是高 GR、较高 RT、高 AC、高 CNL、低 DEN。

中高 TOC 纹层状混合质页岩脆性矿物含量较高,发育介形虫和砂质纹层,测井响应特征为高 GR、高 RT、高 AC、中高 CNL、中高 DEN。

通过对页岩有机质含量、矿物组成、岩相特征的分析及测井解释,明确了不同页岩的测井响应特征及不同测井响应主要的控制因素。在此基础上,建立了基于常规测井资料的页岩油气"甜点"优选方法及工作流程,形成了松辽盆地页岩"甜点"测井识别图版。具体如下:

(1)应用 GR 和 AC 数据识别岩性,以松辽盆地南部长岭凹陷青山口组一段为例。页岩:GR≥110,AC≥280;泥岩:GR≥110,AC≥240;粉砂岩:100≤GR≤110,220≤AC≤240;细砂岩:GR<100,AC<220。

(2)应用 DEN 和 AC 数据识别出高有机质发育段,以松辽盆地南部长岭凹陷青山口组一段为例。TOC≥2%:AC≥300,DEN<2.55;1%≤TOC<2%:280≤AC<300,2.55≤DEN<2.60;TOC<1%:AC<280,DEN>2.6。

(3)应用 CNL 和 AC 数据识别出优势岩相,以松辽盆地南部长岭凹陷青山口组一段为例。高有机质页理型/纹层型页岩:AC≥300,CNL≥20;中有机质纹层型长英质页岩:280≤AC<300,15≤CNL<20;低 TOC 互层型页岩:AC<280,CNL<15(图 6-15)。

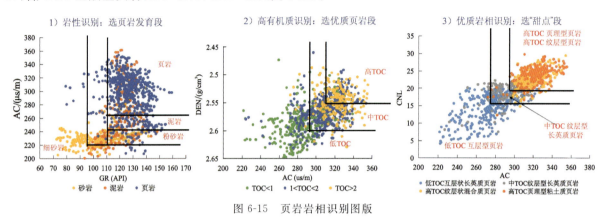

图 6-15 页岩岩相识别图版

基于以上分析,结合录井岩性,即可识别单井岩相分布特征(图 6-16),通过连井对比等方法可以确定不同类型的岩相在空间的分布特征,最终确定了松辽盆地南部青山口组一段页理型和纹层型页岩的空间展布,如图 6-17、图 6-18 所示。

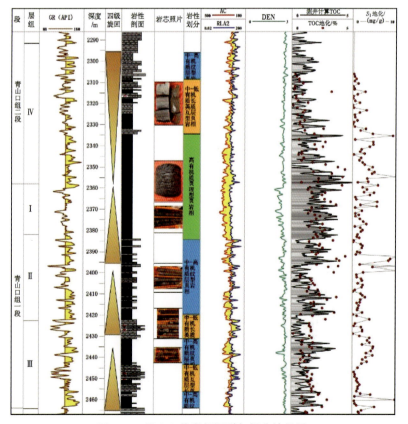

图 6-16 黑 258 井岩相识别与划分效果图

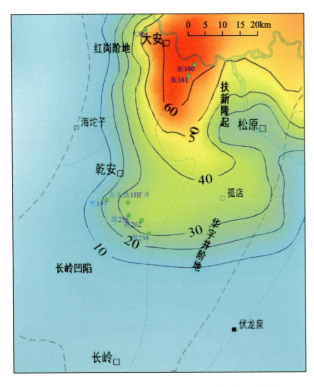 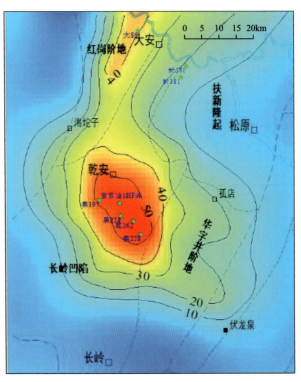

图 6-17 松辽盆地南部青山口组一段页理型页岩厚度分布图

图 6-18 松辽盆地南部青山口组一段纹层型页岩厚度分布图

第二节 页岩"甜点"要素地质与测井综合评价

页岩油"甜点"是指在页岩层系内,目前经济技术条件下可优先勘探开发的页岩油富集高产的目标区(目标层段)。页岩油"甜点"包括3类:地质"甜点"、工程"甜点"和经济"甜点"。地质"甜点"关注含油性、可动性、储层条件、天然裂缝等综合评价;工程"甜点"关注岩石可压性、地应力各向异性等综合评价;经济"甜点"关注资源丰度、资源规模、埋深、地面条件等综合评价。页岩油"甜点"评价应重点进行三类"甜点区"匹配评价。通过前面的分析可以确定,松辽盆地青山口组页岩油资源丰富,资源规模大,资源丰度较高,且埋深为2000~2500m,勘探难度小,地面条件为平原地形适合勘探。因此,本次松辽盆地南部页岩油"甜点"评价主要从地质"甜点"和工程"甜点"出发,寻找能表征页岩油地质"甜点"和工程"甜点"的主地质参数,解决页岩油有利靶区、有利靶层优选的关键问题。

松辽盆地陆相页岩"甜点"评价的工作思路是:以取芯资料为基础,从页岩油"甜点"的构成要素出发,充分利用地质、地球化学、测井等资料,优选出有效识别参数,进行页岩油"甜点"识别;采用核心参数分析法,确定页岩油"甜点"形成要素中的主要评价参数,建立"甜点"评价核心参数判别标准;形成研究区"甜点"测井预测配套技术,从而将页岩油"甜点"进行分级评价;最后结合连井对比及综合地质分析,在平面预测"甜点"分布。

一、页岩含油特征评价

由于页岩具有致密、低孔、低渗的特征,加上油相对气密度、黏度大,地下更难以流动,页岩的含油性和原油可流动性决定了页岩油富集程度和页岩油"甜点"位置。制约页岩油勘探开发成效的关键不是页岩中油的蕴含量,而是在其中具有多少可动用量。储集于页岩中的吸附态和游离态页岩油是潜在可动、可采的,而与有机质互溶的溶解态页岩油几乎不可动,难以开采;但在当前技术条件下,游离态页岩油是最具可采性的部分,理论上游离油含量为页岩油最大可动量。可动性较强的页岩油往往以游离态为主,而难以流动的页岩油中吸附态含量或比例较高,说明页岩油赋存状态是影响页岩油可动性的重要因素。因此,评价不同赋存状态页岩油含量(即吸附量与游离量)以及可动量对于确定页岩油可动性及开采潜力具有重要意义。

页岩油的含油性与可动性的评价通常包含 3 个部分。一是可动烃量大小的表征,一般应用热解残留烃 S_1 表征游离烃的含量,陆相页岩一般 S_1 含量大于 2mg/g 表示页岩中可动烃的含量比较高,是可动油富集"甜点"层段。然而,许多研究表明,热解 S_1 并不是游离油的全部,热解 S_2 不完全是干酪根生烃潜量,S_2 中既有少量的游离油又包括吸附油,这种热解法无法给出页岩吸附态油量。本次研究中应用了分温阶热解法,通过优化热解升温程序,可以获得页岩中游离油量和吸附油量。

二是页岩中赋存油可流动能力大小,Jarvie(2012)基于勘探经验提出了油跨越指数 OSI(S_1/TOC×100)>100mg/gTOC 的可动性"甜点"的判别指标,这个指标基本被国内大多数盆地证实,但不同盆地不同地区判别指标取值会有所不同,本次研究依据烃源岩演化模型及排烃门限理论,确定松辽盆地可动油富集的门限仍为 100mg/gTOC。

三是原油的性质也决定了页岩油可流动能力,饱和烃极性较小、吸附作用较弱,胶质沥青质极性较强、易于在黏土矿物表面产生吸附。由于吸附作用的差异,原油初次运移过程中饱和烃会优先运移,胶质和沥青质滞后运移,从而发生成分分馏作用,即地质色层效应。因此,原油的密度、黏度、组分等都可作为评价原油可动性的指标。由于缺少泥页岩段出油井原油性质的分析数据,可以近似通过泥页岩抽提物族组成近似分析原油可流动性,饱和烃和芳烃含量越高,页岩油可动性就越好。

综合以上分析指标,以吉页油 1HF 井为例,长岭凹陷青山口组一段可识别出 3 个"甜点"段(表 6-1,图 6-19)。1 号"甜点"段,岩性以泥页岩为主,岩相类型为高 TOC 层理型黏土质页岩,该层段的特征是氯仿沥青"A"平均为 0.53%,热解 S_1 含量平均为 2.1mg/g,S_1/TOC 的值基本都超过 110,最高可达到 170 以上,平均为 120,可动油的比例在 46%,抽提物中饱和烃和芳烃的含量在 65% 左右。2 号"甜点"段,岩性以泥页岩为主,含少量砂质薄夹层,岩相类型为中高 TOC 纹层型混合质页岩相,该层段的特征是含油性好,氯仿沥青"A"平均为 0.53%,热解 S_1 含量平均为 2.7mg/g,S_1/TOC 的值基本都超过 110,平均为 136,可动油的比例高,为 49%,抽提物中饱和烃和芳烃的含量在 68% 左右。3 号"甜点"段,岩性以泥页岩为主,含少量砂质薄夹层,岩相类型为中高 TOC 纹层型长英质页岩相,该层段的特征是含油性好,氯仿沥青"A"平均为 0.5%,热解 S_1 含量平均为 2.2mg/g,S_1/TOC 平均为 110,可动油的比例高,为 52%,抽提物中饱和烃和芳烃的含量在 67% 左右。

综合来看 2 号"甜点"段含油性好且可动性最好,1 号"甜点"段含油性好但可动性稍差一些,3 号"甜点"段非均质性较强,含油性略差,但可动性较好。这 3 个层都是青山口组一段页岩含油性与可动性的"甜点"层。

表 6-1　吉页油 1HF 井导眼段青山口组一段含油性与可动性"甜点"段特征

"甜点"段	层段/m	岩相类型	TOC/%	热解 S_1/(mg/g)	氯仿沥青"A"/%	S_1/TOC	游离油比例/%	饱和烃+芳烃含量/%	可动性评价
1号	2417~2452	高TOC层理型黏土质页岩	2.2	3.1	0.53	120	46	65	好
2号	2453~2479	中高TOC纹层型混合质页岩	1.6	2.7	0.56	136	49	68	最好
3号	2482~2522	中TOC纹层型长英质页岩	1.4	2.2	0.5	110	52	67	较好

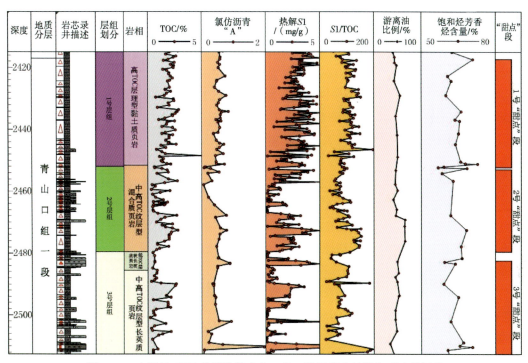

图 6-19　吉页油 1HF 井导眼段青山口组一段页岩含油性与可动性评价

二、页岩储层条件评价

页岩储层条件决定了页岩油富集的规模与可开发的能力,储层条件越好,页岩油越容易获得高产,储层条件是决定页岩油能否获得高产的关键因素。在目前针对页岩储层条件的测井评价的关键是如何确定有效储层的指标与参数范围,因此,需要结合岩芯实验室地质分析确定有效储层的标准,为测井评价提供理论支撑。

页岩基质的微观孔喉(孔-喉-缝系统)发育特征是决定其储集、渗流能力的基础。尽管泥页岩非常致密,但一系列高分辨率分析测试技术的开发和应用,使得人们对于泥页岩中孔隙类型(包括有机、无机孔隙)、孔径分布、结构、连通性有了更为客观、精细的认识。

现有的页岩储层微观孔裂隙系统表征技术总体上可分为 3 类:图像法、流体法和射线法(Maex et al.,2003)。图像法技术主要为一系列高分辨率二维/三维扫描成像技术,可有效揭示页岩孔隙类型、形态、分布及大小等特征,如场发射扫描电镜(Tian et al.,2013)、聚焦离子束扫描电镜(Kelly et al.,2015;Bai et al.,2016)、宽粒子束扫描电镜(Klaver et al.,2015)和微/纳米 CT(Guo et al.,2015)等。同时,应用图像处理软件,并结合分形理论等方法,高分辨率图像被用于定量表征页岩孔隙分布、孔隙形态及孔隙结构复杂性和孔径分布等孔隙结构特征(Rine et al.,2013;Lubelli et al.,2013)。流体法技术主要通过记录非润湿性流体(汞)及 N_2 和 CO_2 等气体在不同压力下在岩石样品中的注入量,进而通过不同的理论方法计算得到孔径分布、比表面积等信息,主要包括高压压汞和气体吸附(N_2 和 CO_2)(焦堃等,2014)。高压压汞可探测页岩 3nm 以上连通孔隙,揭示有效孔隙度、孔径分布等储层特性(Bustin et al.,2008)。N_2 吸附可有效揭示 1～200nm 范围的孔体积、表面积及孔径分布等信息,CO_2 吸附为探测 0.3～1.5nm 范围孔隙的有效手段(Clarkson et al.,2013;Wang et al.,2015)。为了弥补各种流体注入法孔径探测范围的局限性,高压压汞和气体吸附结合被用于表征页岩全孔径分布特征,其中 CO_2 吸附被用于表征小于 2nm 孔隙,N_2 吸附被用于表征 2～50nm 孔隙,高压压汞则用于揭示大于 50nm 孔隙分布特征(田华等,2012;杨峰等,2013;张腾等,2015;姜振学等,2016)。射线法技术主要采用探针试剂或粒子的方法检测页岩孔裂隙分布,主要包括低场核磁共振、小角/超小角散射。低场核磁共振(NMR)通过探测孔裂隙空间内的氢核弛豫、扩散等特性揭示储层物性特征,具有快速、无损等优势,可提供包括孔隙度、渗透率、孔径分布、可动流体等众多物性参数(Xu et al.,2015;Li et al.,2015;Tan et al.,2015,Zhang et al.,2017,2018)。此外,多维核磁共振技术(T1-T2、D-T2)可提供更为全面的含氢核组分(包括黏土矿物结构水、干酪根、孔隙油/水等)的分布信息(Fleury et al.,2016)。小角/超小角散射可提供不同温度、压力下页岩孔隙结构信息,反映不受流体和表面相互作用、遮挡效应及孔隙连通性的孔隙结构信息(Clarkson et al.,2013)。

通常,仅相互连通的孔裂隙才对页岩油的开发具有意义,它们强烈影响着页岩油的运移,从而在一定程度上控制页岩油的产量。尽管现在有很多技术表征泥页岩孔裂隙特征,但这些技术多数难以定量表征连通孔裂隙。而高压压汞法是表征连通孔裂隙的有效方法。因此,本次研究拟基于泥页岩储层高压压汞分析结果建立一个适用于页岩油储层孔隙分类方案,并在此计算上定量表征页岩油储层不同尺度孔隙分布特征,建立页岩油储层分类标准。

本次研究采用分形理论的自相似特性对松南青山口组一段泥页岩储层进行分类。结合高压压汞数据可以得到,同一类型的孔隙具有相同的物理特性,即自相似性。根据孔隙特征的不同可以对页岩油储层的孔隙进行分类(图 6-20)。相同类型特征的孔隙表现出相似的趋势,曲线的拐点对应着孔隙类型转变的孔喉界限值。图中 $lgr=-2.3$、$lgr=-1.3$ 和 $lgr=-0.3$ 的位置为不同类型孔隙的孔喉界限值,因此根据图中曲线表现出来的自相似性,我们可以将孔隙划分为 4 类:大孔＞500nm,50nm＜中孔＜500nm,5nm＜小孔＜50nm,微孔＜5nm。

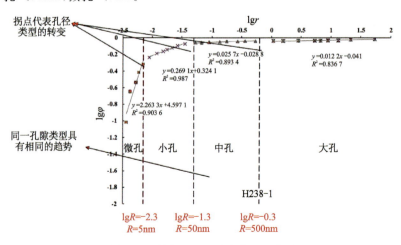

图 6-20 研究区 4 口重点井压汞分形

根据压汞曲线形态及储层中孔隙类型的分布特征,本次研究将松南地区泥页岩储层分为3类(图 6-21):Ⅰ类储层具有相对较多的大孔含量;Ⅱ类储层大孔含量相应减少,但中孔含量多;Ⅲ类储层大孔与中孔含量均较少,且微孔含量较高。

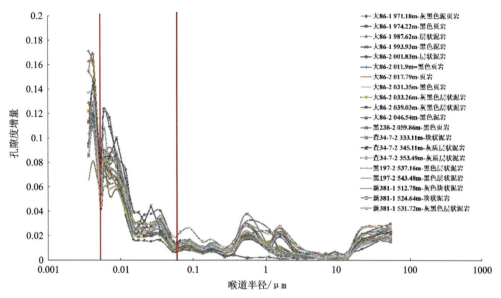

图 6-21　泥页岩样品压汞孔径分布

根据孔径的分布特征我们将储层分为3类,但在实际应用过程中由于孔径的分布特征是较难获取的地质参数。因此,为了可以将本次成果进行推广,我们将微观孔喉特征与宏观物性建立了联系,从而将微观储层分级通过宏观物性特征应用到实际的生成工作中。从图 6-22 中,我们通过渗透率、孔隙度之间的关系,可以确定储层分类的宏观物性标准,Ⅰ类储层渗透率大于 $0.06\times10^{-3}\,\mu m^2$,孔隙度大于 4%;Ⅱ类储层渗透率在 $0.006\times10^{-3}\sim0.06\times10^{-3}$ 之间,有效孔隙度大于或等于 3%,小于或等于 4%;Ⅲ类储层渗透率小于 0.006×10^{-3},孔隙度小于 3%。

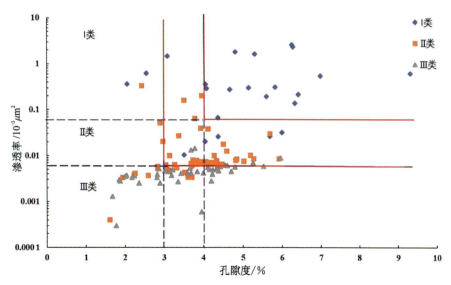

图 6-22　松南青山口组一段页岩储层微观物性(按孔径分级)与宏观物性关系图

现在常规测井计算出的孔隙度与渗透率不适用于页岩评价,无法评价页岩储层物性好坏,一般应用核磁测井来评价页岩中储层物性条件。核磁共振测井在泥页岩储层物性参数计算(有效孔隙度、总孔隙度、渗透率、孔喉半径等参数)、储层流体类型判别中具有独特优势。渗透率是储层中孔隙连通程度的指示,可以预测油气层的生产能力。渗透率作为动态参数,准确计算十分困难,根据岩芯建立的经验公式不能适应千变万化的地下情况。而核磁共振资料由于其 T2 分布与孔隙大小密切相关,因此计算渗透率有充足的依据和优势。

本次评价青山口组页岩油储层条件主要通过核磁测井的总孔隙度、有效孔隙度、渗透率和 T2 谱孔径解释(图 6-23),结合实验室实测物性数据进行校正,确定储层物性发育的"甜点"段。根据青山口组整体页岩物性发育特征,结合页岩油实际勘探结果,确定页岩有效孔隙度大于 4% 为页岩油储层"甜点"评价指标。

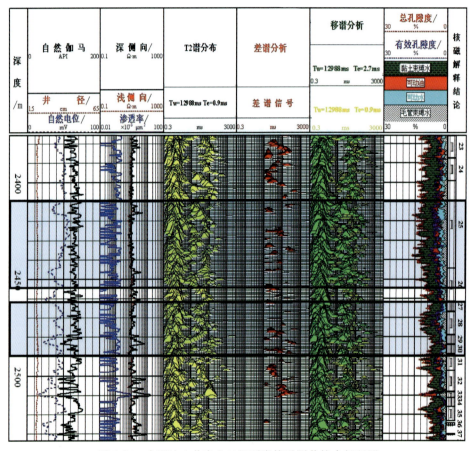

图 6-23 吉页油 1 井青山口组页岩核磁测井综合解释图

除了储层物性条件外,天然裂缝对于页岩储层的形成和改造具有重要作用,裂缝的存在某种程度上提高了页岩储层储集空间的有效性,极大地改善了泥页岩的渗流能力,为页岩油从机制孔隙进入井孔提供了必要的通道。泥页岩中裂缝的存在有利于页岩油的储集和开采,因此裂缝是页岩油"甜点"评价的重要指标。成像测井对裂缝具有很好的识别能力,识别裂缝主要依据裂缝发育处的电阻率与围岩的差异。钻井时,地下处于开启状态的有效缝被钻井液侵入。除泥页岩外,由于其他岩类的电阻率(尤其是碳酸盐岩和花岗岩等结晶岩)都比钻井液的电阻率大得多,这样,在有效缝(张开缝)发育处的电阻率就相对较低,表现为黑色,可以清晰地在电阻率井壁图像上反映出来。井本次依据 FMI(微电阻率扫描成像测井)(图 6-24)结合岩芯观察确定青山口组页岩裂缝分布特征,进而划分储层"甜点"段。

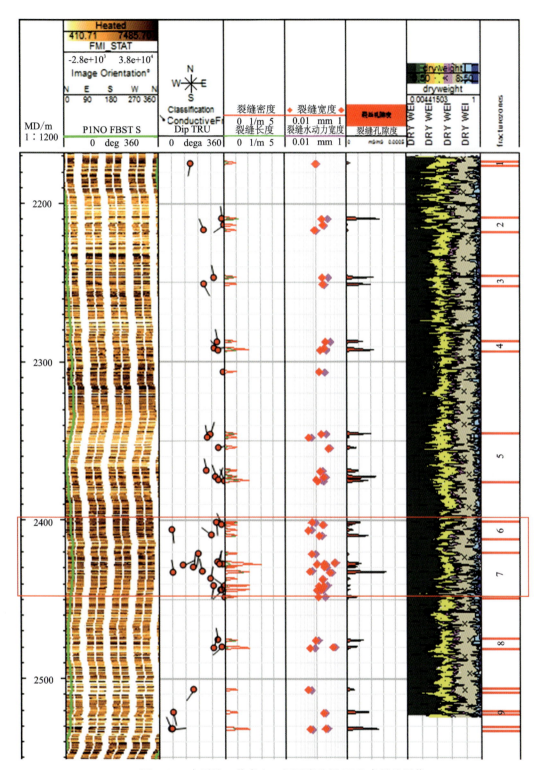

图 6-24 吉页油 1 井青山口组页岩油层 FMI 高导缝图像

综合吉页油 1HF 井导眼段核磁测井解释和微电阻率成像裂缝解释结果及岩芯实测孔隙度数据,可以从青山口组页岩段识别出 3 个"甜点"段(图 6-25,表 6-2)。1 号"甜点"段岩相类型以高 TOC 层理型黏土质页岩相为主,含油性好,核磁总孔隙度平均为 11%[图 6-26(a)],有效孔隙度平均为 5.2%[图 6-27(a)],最高可达 8.7%,核磁渗透率为 $0.08×10^{-3}\mu m^2$[图 6-28(a)],高角度裂缝发育,成像测井上可见 17 条高导缝,12 条高阻缝,大部分裂缝长度较短(图 6-29),多未切穿井眼,高导缝优势走向为近东西向,倾向优势方向为近北向,以高角度为主,裂缝密度平均 0.5 条/m,裂缝平均长度 0.28m,平均宽度 175μm,裂缝孔隙度 0.003%,综合评价为Ⅰ类页岩油储层。2 号"甜点"段岩相类型以中高 TOC 纹层型混合质页岩为主,总孔隙度相对于 1 号"甜点"段略低,平均为 9.5%[图 6-26(b)],但有效孔隙度基本与 1 号"甜点"段相近,平均为 5.0%[图 6-27(b)],渗透率略低为 $0.068×10^{-3}\mu m^2$[图 6-28(b)],高角度裂缝基本不发育,根据建立的页岩储层评价指标也属于Ⅰ类页岩油储层。3 号层组储层物性相对前两个层组略差,总孔隙度平均为 8.3%[图 6-26(c)],有效孔隙度平均为 4%[6-27(c)],渗透率为 $0.05×10^{-3}\mu m^2$[6-28(c)],裂缝发育较少,仅在局部出现,基本符合Ⅱ类页岩油储层标准。

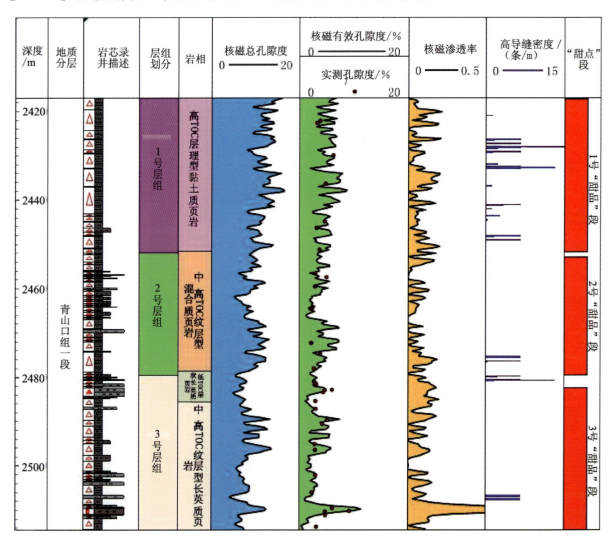

图 6-25　吉页油 1HF 井导眼段青山口组页岩储层"甜点"划分

表 6-2　吉页油 1HF 井导眼段青山口组一段储层"甜点"段特征

甜点段	层段/m	岩相类型	TOC/%	热解 S_1/(mg/g)	核磁总孔隙度/%	有效孔隙度	核磁渗透率/%	裂缝发育情况	评价
1号	2417~2452	高 TOC 层理型黏土质页岩	2.2	3.1	11	5.2	0.08	高角度裂缝发育	Ⅰ类储层
2号	2453~2479	中高 TOC 纹层型混合质页岩	1.6	2.7	9.5	5.0	0.068	较少发育	Ⅰ类储层
3号	2482~2522	中 TOC 纹层型长英质页岩	1.4	2.2	8.3	4.0	0.05	较少发育	Ⅱ类储层

总体来看，从地质"甜点"评价角度出发，可以从青山口组一段优选出 3 个"甜点"段，3 个"甜点"段含油性、可动性、储层条件等都较好，但略有差异，总体如下：1 号"甜点"段岩相以高 TOC 层理型黏土质页岩为主，页岩中滞留烃含量高，含油性好，也具有较好的可动性，且页岩储层有效孔隙度较高，层理缝和高角度裂缝发育，改善了储层的渗透性，渗透率相对也较高；2 号"甜点"段岩相以中高 TOC 纹层型混合质页岩为主，页岩中原油可动性好，游离油含量比例高，烷烃和芳香烃含量较高，原油性质相对较好，有效孔隙度高；3 号"甜点"段岩相以中 TOC 纹层型长英质页岩为主，但非均质性较强，原油可动性好，游离油含量比例高，烷烃和芳香烃含量较高，但储层条件相对前两个"甜点"段略差。

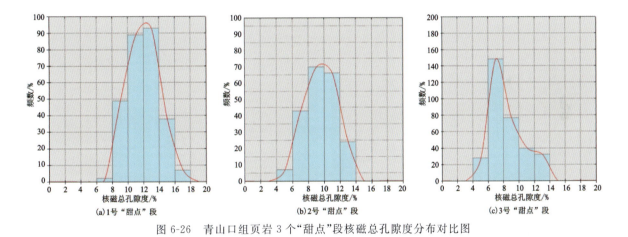

图 6-26　青山口组页岩 3 个"甜点"段核磁总孔隙度分布对比图

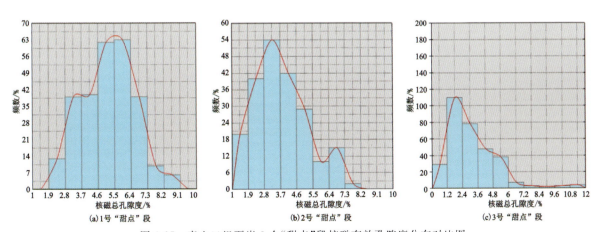

图 6-27　青山口组页岩 3 个"甜点"段核磁有效孔隙度分布对比图

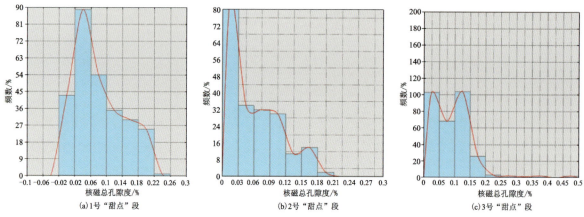

图 6-28 青山口组页岩 3 个"甜点"段核磁渗透率分布对比图

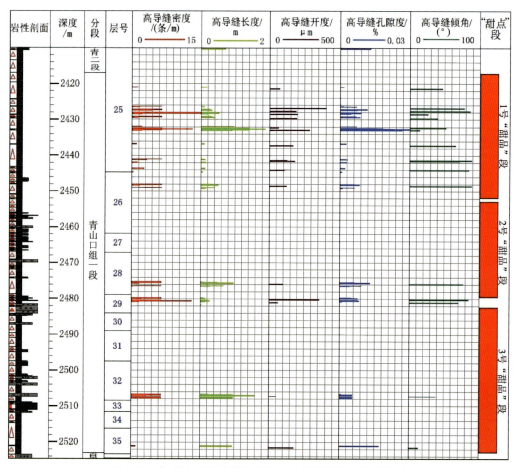

图 6-29 吉页油 1HF 井导眼段青山口组页岩裂缝发育特征

三、页岩工程品质评价

泥页岩储层具有显著的低孔、低渗特征,其内赋存页岩油分子较大,且部分吸附于有机质或矿物颗粒表面,导致相当部分的油气难以流动或流动困难,渗流难度大。页岩油赋存特征及环境决定了其仅仅依靠储层自身裂缝系统难以形成高产、稳产油流,必须经过大规模人工压裂才可能形成工业产能。因此,制约页岩油可采性的关键因素之一为页岩油储层的可压裂改造性(邹才能等,2013;姜在兴等,2014)。因此,评价泥页岩储层可压裂性寻找页岩储层工程"甜点"对页岩油能否形成高产油流、成功开采具有重要的意义。

通过压裂改造最大规模形成复杂连通缝网是实现页岩油等非常规油气工业化开采的关键。其中,压裂缝的起裂、扩展行为特征是影响压裂缝网规模及其复杂度最为重要的因素。针对页岩的已有大量研究表明,页岩压裂缝的起裂与扩展涉及张性破坏、剪切滑移、错断等复杂的综合力学行为,除了受压裂液黏度、射孔参数、压裂施工排量等工程因素显著影响外,主要受控于地应力、岩石的力学性质、天然弱结构面(微裂缝、层理等)发育程度及脆性特征等地质力学因素。目前研究认为:脆性矿物含量高、岩石脆性强、水平最大主应力与水平最小主应力差小、天然结构面(裂缝、层理等)适度发育的地层,更易实施体积压裂,并可充分形成复杂缝网,即具有较高可压裂性。这也是现有研究主要通过地层脆性指数、断裂韧性、地应力等进行页岩地层缝网可压裂性评价的主要原因。

1. 脆性矿物含量

泥页岩脆性矿物(方解石、白云石、石英、长石等)含量越高,黏土矿物(高岭石、伊利石、蒙脱石及混层黏土矿物等)含量越低,其可压裂性也相对较高,即在压裂时越容易形成网状缝,从而沟通天然裂缝形成油气高效渗流通道,有利于页岩油气开采(邹才能等,2010,2013)。笔者系统调研了国内主要陆相页岩油富集盆地页岩油储层矿物组成特征,目前已经实现高产的页岩储层脆性矿物含量基本都超过70%以上,而黏土矿物含量基本都小于30%(表6-3)。

表6-3 国内主要页岩油富集盆地黏土矿物含量

盆地	层位	黏土矿物含量	数据来源
鄂尔多斯盆地	延长组七段	27%~29%	杨华(2015);付金华(2019)
松辽盆地齐家古龙凹陷	青山口组一段	20%~40%,平均37%	柳波(2018);杨建国(2019)
渤海湾盆地沧东凹陷	孔店组二段	16%	周立宏(2017);赵贤正(2018);蒲秀刚(2019)
准噶尔盆地吉木萨尔凹陷	芦草沟组	13.30%	王小军(2019);支东明(2019)
渤海湾盆地济阳坳陷	沙河子组四段	15%~30%	宋国齐(2015);宋明水(2019)
江汉盆地	潜江组	13%	易积正(2019)

松辽盆地南部青山口组一段,吉页油1HF井导眼段青山口组一段页岩70块岩芯样品进行了实验室XRD分析,结果显示青山口组一段黏土矿物含量高,平均为46.7%,最高可达57.1%。因此,松南青山口组一段页岩脆性矿物含量相对较低,脆性指数较低,相对于其他陆相页岩储层可压裂性相对较差。

本次应用录井XRD仪分析及斯伦贝谢Litho Scanner岩性扫描测井相结合对吉页油1HF井导眼段青山口组一段页岩矿物组成进行了高精度分析。结果显示,青山口组一段页岩自上而下脆性矿物含量具有差别。1号"甜点"段脆性矿物含量在39%~52%之间,平均为45%。2号"甜点"段脆性矿物含量具有明显增加,泥页岩总体脆性矿物含量在45%~60%之间,平均为52%。3号"甜点"段脆性指数也相对较高,总体脆性矿物含量在47%~62%之间,平均为56%。总体来看2号和3号"甜点"段纹层型页岩脆性矿物含量要比1号"甜点"段层理发育型页岩段脆性指数高,可压性相对较好。

2. 岩石力学性质

泥页岩的泊松比、杨氏模量、破裂压裂、水平应力差等岩石力学参数也是评价储层可压裂性的重要参数。

泊松比 POIS(横向压缩系数)：横向相对压缩与纵向相对伸长之比。一般泊松比小于 0.25 视为具备较好可压性。

杨氏模量 YMOD(纵向弹性模量)：张应力与张应变之比值，用于量度岩石的抗张应力。一般杨氏模量大于 20GPa 视为可压性好。

破裂压力：即当地层压力达到某一值时会使地层破裂，这个压力称之为破裂压力。破裂压力越小，地层越容易起裂。

水平应力差：即最大、最小水平应力之差。最大水平应力与最小水平应力差成为能否实现裂缝转向的关键因素，应力差越小，页岩压裂就越有利于形成裂缝缝网，越容易形成体积压裂。

本次研究利用偶极子声波测井、三轴岩石力学试验和声发射试验，对吉页油 1HF 井导眼段青山口组页岩的岩石力学性质进行了综合分析，并将测井解释数据和实验分析数据进行对比标定，发现两者具有很好的一致性。

采集了青山口组页岩 5 块岩芯进行实验室三轴岩石力学试验，结果表明泊松比为 0.19~0.24，均小于 0.25，杨氏模量为 15.78~31.86GPa，基本都大于 20GPa(表 6-4)。

表 6-4 吉页油 1HF 井导眼段青山口组一段岩芯样品三轴岩石力学试验岩石力学参数

序号	取样深度	筒次	样品编号	样品尺寸		密度	围压/MPa	三轴抗压强度/MPa	杨氏模量/GPa	泊松比
				直径	高度					
1	2 468.7m	7	7-1	25.24	51.02	2.66	20	69.60	15.78	0.20
2	2 479.36m	8	8-1	25.26	51.12	2.60	20	91.16	23.21	0.218
3	2 489.08m	8	8-2	25.59	47.48	2.61	20	95.58	23.46	0.245
4	2 499.81m	9	9-1	25.66	48.35	2.60	20	55.85	18.71	0.192
5	2 508.08m	10	10-1	25.19	50.37	2.59	20	109.71	31.86	0.247

吉页油利 1HF 井导眼段利用偶极子声波测井解释出了全井段泊松比、杨氏模量、破裂压力、最大水平主应力、最小水平主应力的纵向分布特征。由此可以评价 3 个"甜点"段岩石力学参数。

从泊松比对比来看(图 6-30)，1 号"甜点"段泊松比分布在 0.24~0.36 之间，平均为 0.29；2 号"甜点"段泊松比分布在 0.22~0.38 之间，平均为 0.27；3 号"甜点"段泊松比分布在 0.2~0.4 之间，平均为 0.2。

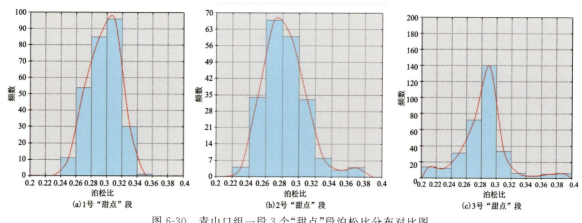

图 6-30 青山口组一段 3 个"甜点"段泊松比分布对比图

从杨氏模量分布对比来看(图 6-31),1 号"甜点"段杨氏模量分布在 16~34GPa 之间,平均为 22GPa;2 号"甜点"段杨氏模量分布在 18~42GPa 之间,平均为 28GPa;3 号"甜点"段杨氏模量分布在 20~55GPa,平均为 31GPa。

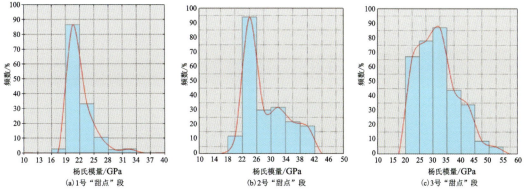

图 6-31　青山口组一段 3 个"甜点"段杨氏模量分布对比图

从岩石破裂压力来看(图 6-32),1 号"甜点"段岩石破裂压力在 46~58MPa 之间,平均为 52.5MPa;2 号"甜点"段岩石破裂压力在 46~64MPa 之间,平均为 53MPa;3 号"甜点"段水平应力差在 46~64MPa 之间,平均为 56MPa。可以看出 3 号"甜点"段破裂压力较大,起裂难度相对较大,而 1、2 号甜点段破裂压力相对较小,相对容易起裂。

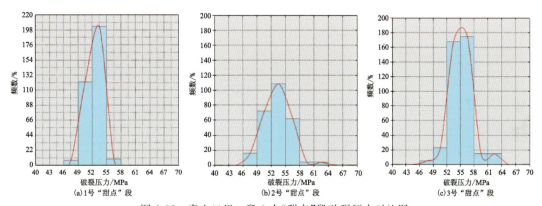

图 6-32　青山口组一段 3 个"甜点"段破裂压力对比图

从水平应力差来看(图 6-33),1 号"甜点"段水平应力差在 4.4~5.2MPa 之间,平均为 4.8MPa;2 号"甜点"段水平应力差在 4.6~5.4MPa 之间,平均为 5.0MPa;3 号"甜点"段水平应力差在 4.6~5.4MPa 之间,平均为 5.1MPa。根据水平应力与最小水平主应力的比值可以计算水平应力差异系数。

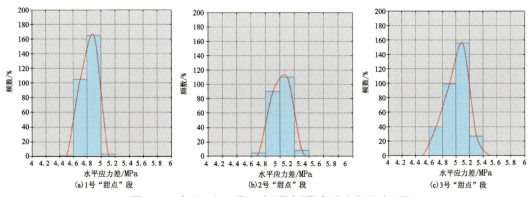

图 6-33　青山口组一段 3 个"甜点"段水平应力差对比图

3. 天然弱面发育

天然裂缝的存在是地应力不均一的表现，其发育区往往是地层应力薄弱的地带，天然裂缝的存在降低了岩石的抗张强度，并使井筒附近的地应力发生改变，对诱导裂缝的产生和延伸产生影响。因此，天然裂缝越发育，可压性越好。天然裂缝是力学上的薄弱区，能够增强压裂作业的效果，其破裂压裂可以低于不含裂缝的页岩层。在压裂的过程中，天然裂缝和诱导裂缝也会相互影响，压裂液通过天然裂缝进入储层压裂产生诱导缝，诱导缝生成又能够引起天然裂缝的张开，从而使压裂液更容易进入，天然裂缝发育是页岩压裂形成复杂缝网的关键。

松南青山口组 1 号页岩层组，层理缝及高角度构造缝等天然裂缝发育，改善了储层的可压裂条件，增强了可压裂性。2、3 号页岩层组基本不发育天然裂缝，页岩的可压性主要受岩石矿物组成、岩石物理性质及地应力控制。

4. 工程"甜点"评价

本文系统调研国内外页岩脆性评价方法及评价参数，结合松辽盆地青山口组页岩特征，提出了脆性矿物含量、岩石力学脆性和水平应力差异系数 3 个简化工程"甜点"评价系数。将 3 个系数求平均得到工程"甜点"系数定量指标。

I_1 脆性矿物含量系数：为石英、长石、碳酸盐岩、黄铁矿等脆性矿物含量的百分比。

I_2 岩石力学脆性系数：杨氏模量和泊松比是表征页岩脆性的主要岩石力学参数，杨氏模量反映了页岩被压裂后保持裂缝的能力，泊松比反应了页岩在压力下破裂的能力。页岩杨氏模量越高，泊松比越低，脆性越强。北美一般用岩石力学脆性系数来衡量液压的可压裂性。岩石力学脆性系数定量计算公式如下：

$$\begin{gathered} YMBI=(YM-1)/(7) \\ PRBI=(0.4-PR)/0.25 \\ I_2=((YMBI+PRBI)/2)\times 100 \end{gathered} \quad (6\text{-}5)$$

式中，YM 为杨氏模量（10^4 MPa），研究区分布范围为（$1\sim 8\times 10^4$ MPa），YMBI 为归一化的杨氏模量；PR 为泊松比，研究区分布范围为 0.15~0.4；PRBI 为归一化的泊松比；I_2 为脆性系数。

I_3 水平应力差：最大水平主应力与最小水平主应力差。

根据建立的工程"甜点"评价系数，可以定量评价页岩可压性（表 6-5）。总体来看青山口组一段 1 号"甜点"段脆性矿物指数较低，泊松比相对较大，杨氏模量较低，可压性相对略差，但天然裂缝发育，改善了可压性，且该段破裂压力较小，水平应力差也相对较小，压后有利于形成体积缝网，综合评价属于 Ⅱ 类工程"甜点"层；2 号"甜点"段脆性矿物指数相对较高，泊松比较低，杨氏模量相对较大，可压性较好，有利于压裂造缝，破裂压力适中，水平应力差适中，属于 Ⅰ 类工程"甜点"层；3 号"甜点"段脆性矿物含量较高，但破裂压力大，水平应力差较大，综合评价属于 Ⅱ 类工程"甜点"层（图 6-34，表 6-6）。

表 6-5　松辽盆地青山口组页岩主要工程"甜点"评价指标

评价级别	I_1 脆性矿物含量	I_2 岩石力学脆性系数	I_3 水平应力差	天然弱面发育程度
Ⅰ 类工程"甜点"	>50	>40	<5	发育
Ⅱ 类工程"甜点"	40~50	30~40	5~10	较发育
Ⅲ 类工程"甜点"	<40	<30	>10	不发育

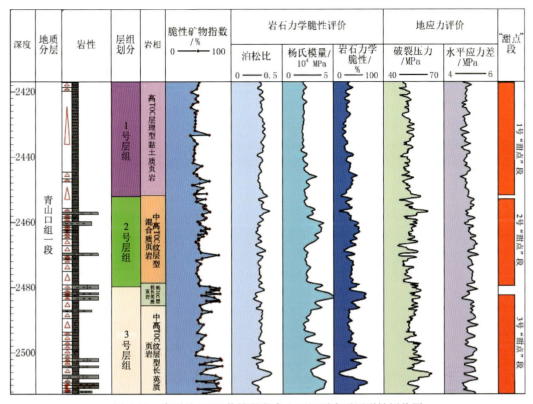

图 6-34　吉页油 1HF 井导眼段青山口组页岩可压裂性评价图

表 6-6　吉页油 1HF 井导眼段青山口组页岩可压性评价

"甜点"段	层段/m	岩相类型	脆性矿物含量/%	岩石力学脆性/%	破裂压力/MPa	应力差异系数	天然弱面发育程度	可压性评价
1号	2417~2452	高 TOC 层理型黏土质页岩	45	36	52	4.5	发育	Ⅱ类工程"甜点"层
2号	2453~2479	中高 TOC 纹层型混合质页岩	52	42	53	5.0	局部发育	Ⅰ类工程"甜点"层
3号	2482~2522	中 TOC 纹层型长英质页岩	55	43	57	5.5	不发育	Ⅱ类工程"甜点"层

第三节　页岩油"甜点"综合评价

一、页岩"甜点"综合评价标准

寻找能表征页岩含油"甜点"区、可动"甜点"区和工程"甜点"区的主地质参数，是解决页岩油有利靶区优选问题的关键。在松辽盆地页岩油"甜点"评价的工作中,我们应用主地质参数优选方法,可使过去复杂的、多参数综合评价体系得以简化,降低了有利区靶区优选的难度和工作量。例如,游离油量,其是有机质丰度、类型、成熟度、矿物组成、地质构造等多种地质因素综合影响的结果,如果根据实测(或测井预测)可动游离油量数据可以直接找出页岩油资源"甜点"区,就不需要分析有机质丰度、类型等一系列地质因素。

基于上文各参数对页岩油富集可采的控制作用,结合国内外页岩油气开发过程中取得的认识,本次研究将控制"甜点"层段的因素总结为含油性、可流动性、储集物性和可压裂性4类。含油性受TOC和S_1指数控制;原油可流动性受原油性质、油跨越指数等决定;储集物性包括孔隙度和渗透率两方面;可压裂性由岩石的脆性指数决定。结合第二节对于"甜点"要素的综合分析,综合对以上各因素的认识,总结得出松辽盆地青山口组页岩"甜点"层段综合评价标准,具体划分标准见表6-7。

表6-7 松辽盆地青山口组页岩"甜点"层段综合评价标准表

评价指标	岩相类型	含油性		物性条件			可流动性		可压裂性			
		TOC/(mg/g)	S_1/(mg/g)	有效孔隙度/%	渗透率/$\times 10^{-3} \mu m^2$	裂缝发育	S_1/TOC	$C_{饱+芳}$/%	脆性矿物含量/%	杨氏模量/GPa	泊松比	应力差/MPa
Ⅰ级	纹层型混合质页岩层理型黏土质页岩	>2	>2	>4	≥0.06	发育	>100	>60	>50	>25	<0.25	<5
Ⅱ级	纹层型长英质页岩	1~2	12	3~4	0.006~0.06	一般	75~100	50~60	40~50	20~25	0.25~0.3	5~10
Ⅲ级	互型长英质页岩	0.5~1.0	<1	<3	<0.006	不发育	<75	<50	<40	<20	>0.3	>10

二、页岩油"甜点"定量评价方法

在实际的应用中,这种综合的评价标准还是存在局限的地方。由于其需要评价的要素过多,且各因素之间对"甜点"层段的贡献大小不一,因此这种评价标准存在着各项评价指标难以同时得到满足以及同类储层之间无法进一步进行差异化比较等问题。针对这些问题,本次研究提出的解决方法是通过建立各要素与产能之间的联系,判断各因素与产能之间的相关性,优选评价指标,并进一步通过数学统计方法计算各评价指标与产能的关联度,从而可以通过定量计算页岩"甜点"指数的方式对地层进行评价并预测"甜点"层段。

为了方便快捷地实现"甜点"评价,本次建立了主参数优选方法,可使过去复杂的、多参数综合评价体系得以简化,降低了靶层(靶区)优选的难度和工作量。在实际生产中,产能大小是评价"甜点"的最直观的标准,我们分别将储集物性、含油性、可动性和可压裂性这4类因素与产能进行了相关性评价。通过分析发现可动游离油量、油饱和指数、有效孔隙度、脆性指数对页岩油产能影响最大,分别作为可用来表征页岩地质与工程"甜点"的主地质参数。

为了避免定性评价人为因素的影响,本次评价建立了页岩油"甜点"指数计算方法,实现了对页岩油"甜点"定量的评价,具体步骤如下。

第一步,为了消除各参数的物理意义以及参数量纲间的差异,需要对原始数据进行标准化处理。数据变化处理的方法有初值化处理、归一化处理、均值化处理、极大值标准化等处理方法。本次对数据采用极大值归一化处理的方式,使得每项评价指标成为无量纲、标准化的数据。具体归一化方法如下:

$$U_1 = \frac{E}{E_{max}} \tag{6-6}$$

式中,U_1 为归一化的主地质参数;E 为主地质参数实际值;E_{max} 为研究区页岩主地质参数的最大值。

第二步,应用灰色关联度分析法,确定每个主地质参数对"甜点"指数的权重系数。衡量各评价指标在决定储层产能高低时的重要程度,就是计算各指标相对于储层产能的权重值。标准化后的评价参数数据可以利用下式计算出各子因素与母因素(单位厚度日产油量)之间的灰色关联系数,进而确定各个子因素评价指标与母因素指标的灰色关联度。

同一观测时刻各子因素与母因素之间的绝对差值为:

$$\Delta_t(i,O) = |X_t^{(1)}(i) - X_t^{(1)}(0)| \tag{6-7}$$

同一观测时刻各子因素与母因素之间的绝对差值最大值为:

$$\Delta_{max} = \max_i \max_t |X_t^{(1)}(i) - X_t^{(1)}(0)| \tag{6-8}$$

同一观测时刻各子因素与母因素之间的绝对差值的最小值为:

$$\Delta_{min} = \min_i \min_t |X_t^{(1)}(i) - X_t^{(1)}(0)| \tag{6-9}$$

母序列与子序列的关联系数为:

$$L_t(i,O) = \frac{\Delta_{min} + \xi \Delta_{max}}{\Delta_t^{(i,O)} + \xi \Delta_{max}} \tag{6-10}$$

式中,$L_t(i,O)$ 为关联系数;ξ 为分辨系数,通常 $\xi \in [0.1,1]$,本次分析取 0.5,其作用是削弱最大绝对差数值太大造成的数据失真,进而提高灰关联系数之间的差异显著性。

将获得个各个参数的关联系数进行归一化处理,得到权重系数,子因素与母因素之间的权重系数越接近 1,则该子因素对主因素的影响越大。

第三步,建立"甜点"指数计算模型:

$$SI = a \times U_1 + b \times U_2 + c \times U_3 + d \times U_4 \tag{6-11}$$

式中,SI 为"甜点"系数;U_1 为含油性参数,对应的 a 为含油性参数对"甜点"指数的权重系数;U_2 为可动性参数,对应的 b 为可动性参数对"甜点"指数的权重系数;U_3 为储层物性参数,对应的 c 为物性参数对"甜点"指数的权重系数;U_4 为可压性参数,对应的 d 为可压性参数对"甜点"指数的权重系数。

第四步,建立"甜点"指数与页岩油产能之间的相关关系,基于研究区勘探实际,确定"甜点"指数下限值,从而基于"甜点"指数确定页岩油"甜点"层段。本次研究中,依据近年来长岭凹陷新钻探的几口页岩油井的产能情况,其压裂施工方式基本相同,差别主要是在压裂射孔的厚度,所以为了利于比较,将日产油量除以射孔厚度,就可以获得每米产油指数,建立了日产油指数与"甜点"指数之间的相关关系(图 6-35)。根据勘探实践,松辽盆地南部长岭凹陷青山口组一段每米产油指数超过 0.2t/(d·m)时,探井具有较高开发价值且能够获得较好的经济效益,属于Ⅰ类储层,该类储层对应页岩"甜点"指数大于 0.62;每米产油指数超过 0.10t/(d·m)时,探井产能与成本基本相当,属于Ⅱ类储层,该类储层对应页岩"甜点"指数大于 0.5;每米产油指数小于 0.1t/(d·m)时,不具有经济价值,属于Ⅲ类储层,该类储层页岩"甜点"指数小于 0.5。

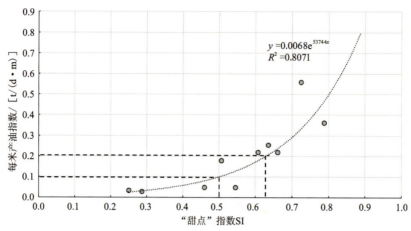

图 6-35 松辽盆地南部青山口组一段页岩油"甜点"指数与产能指数相关性

基于此方法,以吉页油1井为例,对松盆地南部长岭凹陷青山口组页岩进行了纵向"甜点"评价(图 6-36),青山口组页岩"甜点"指数介于0.3~0.73之间,具体而言,青山口组1号页岩层组综合"甜点"指数平均为0.6以上,属于Ⅰ类页岩油"甜点"段;2号页岩层组综合"甜点"指数为基本大于0.6,部分介于0.5~0.6之间,属于Ⅰ类页岩油"甜点"段,部分属于Ⅱ类页岩油"甜点"段;3号页岩层组综合"甜点"指数为0.53,属于Ⅲ类页岩油"甜点"段。

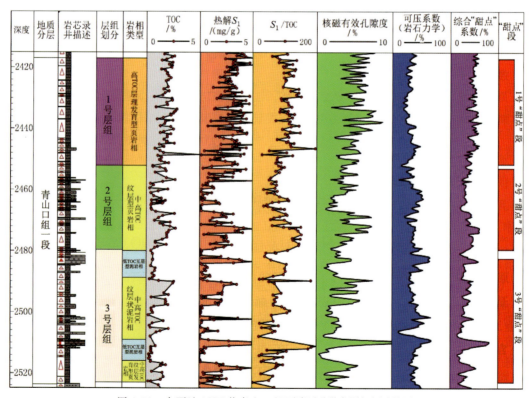

图 6-36 吉页油1HF井青山口组页岩油"甜点"综合评价图

第七章　深湖相页岩油地震综合预测技术

陆相页岩油"甜点"的地震预测与常规油气"甜点"预测有较大差别。常规油气的"甜点"预测是以储集层品质和分布规模预测为核心，而页岩油的"甜点"预测根据各地区"甜点"要素的不同，除了储集层品质和分布规模外，还包括对烃源岩品质、裂缝发育情况、工程"甜点"等要素的预测。这一套包含地质"甜点"、工程"甜点"、烃源岩品质预测的地球物理"甜点"预测技术，为页岩油勘探部署和水平井设计提供了重要的技术支撑。

页岩油"甜点"预测技术是在地质研究的基础上，通过分析泥页岩的岩石物理特征和地球物理响应特征，建立泥页岩岩相、有机质成熟度、孔隙度、裂缝、压力系数、页岩脆性指数、含油气性等参数的预测模型，利用叠后或叠前地震资料预测各"甜点"要素，最后，结合地质研究及地震预测的岩相、裂缝、脆性、含油气性等参数进行"甜点"平面综合评价。由于陆相页岩油与海相页岩油相比，具有自身的特殊性，且目前陆相页岩油赋存机理、甜点要素尚未明确，相应的地球物理定量评价方法较匮乏。同时，根据叠后、叠前地震资料的不同，进行的地球物理预测内容也不同。李昂等（2021）在松辽盆地北部三肇凹陷利用叠前地震资料进行 TOC、总孔隙度、脆性等参数的定量预测；王团等（2021）针对松辽北部古龙页岩油采用叠后地震属性和叠前各向异性反演，进行了裂缝的定量表征。总的来说，叠前地震资料可以进行的页岩油地球物理预测内容更为丰富。本章以松辽盆地南部为例，基于收集到的叠后地震资料，介绍陆相页岩油叠后地球物理综合预测技术。

目前页岩油地球物理预测技术仍处在初期探索阶段。随着地质认识的深入、技术手段的发展，地球物理"甜点"预测技术也必将不断创新，最终形成一套成熟的、系统的技术体系。

第一节　页岩储层裂缝预测

裂缝是岩石中没有明显位移的断裂，它既是油气储集空间，也是渗流通道，因此，对裂缝的研究一直是油气勘探开发中的一项重要内容，特别是对于泥页岩裂缝的研究，随着国内外大量泥岩裂缝油气藏不断发现和近年来北美地区在海相页岩中对天然气勘探获得的巨大成功，表明在低孔低渗富有机质泥页岩中，当发育有足够的天然裂缝或岩石内的微裂缝和纳米级孔隙及裂缝，经压裂改造后能产生大量裂缝系统时，泥页岩可以成为有效的油气储层。

近年来，国内外在非常规油气领域勘探中不断取得进展，使得泥页岩裂缝性油气藏的研究显得非常重要。就泥岩本身来说是良好的烃源岩，低孔隙度和低渗透率使其难以成为油气储集层，而发育良好的天然裂缝可以改善其物性，使其成为油气的主要储集空间和渗流通道。因此在页岩油储层的研究中，裂缝发育情况常常是页岩油富集的重要因素之一。

一、泥页岩裂缝发育特征

裂缝形成于多种因素，岩石形成过程中可以伴随产生裂缝，地层负荷的改变可以引起裂缝，风化作用可以形成裂缝，孔隙流体压力的改变也可以形成裂缝。

按裂缝的成因，我们可以将裂缝划分为构造裂缝和非构造裂缝两大类。

构造裂缝是指由于局部构造作用所形成或与局部构造作用相伴而生的裂缝，主要是与断层和褶曲有关的裂缝，其方向、分布和形成均与局部构造的形成和发展有关。构造裂缝是泥页岩中最常见也是最主要的裂缝类型。根据力学性质的差别，又分为张裂缝、剪裂缝两种。野外地表露头和岩芯上观察到的宏观张裂缝一般倾角、宽度和长度变化较大，破裂面不平整，多数已被完全充填或部分充填。构造裂缝主要发育在褶皱构造转折端和断裂附近。

非构造裂缝的形成与构造作用产生的应力无关。它们的成因可以是沉积物失水收缩、压实、压缩、岩石崩塌滑坡、表生风化等。这类裂缝的发育大多无明显规律，变化大。裂缝面多呈弯曲状，缝壁不平整，缝的宽度变化大，缝内常有围岩或上覆岩石碎屑物充填，很少有穿层现象。这些裂缝有时呈网状发育，甚至形成角砾化。溶解作用有时也沿这些裂缝发生，形成不规则的溶蚀缝。

通过对岩芯的宏观描述及其薄片、扫描电镜的微观分析认为，非构造裂缝可以划分为层间页理缝、层面滑移缝、成岩收缩缝和有机质演化异常压力缝等几种裂缝。

层间页理缝主要为具剥离线理的平行层理纹层面间的孔缝，为沉积作用所形成。一般为强水动力条件的产物，由一系列薄层页岩组成，页岩间页理为力学性质薄弱的界面，极易剥离，这种界面即为层间页理缝，层间页理缝是泥页岩中最基本的裂缝类型。层间页理缝张开度一般较小，多数被完全充填，与高角度缝连通。

层间滑移缝是指平行于层面且具有明显滑移痕迹的裂缝，和层间页理缝相似，也是泥页岩中基本的裂缝类型之一。泥页岩层面发生的这种相对滑动主要与岩层在埋藏过程中平行于层面方向伸张率或收缩率的差异有关。层面结构是泥页岩最基本的岩石结构，层面也是最薄弱的力学结构面，无论在拉张盆地还是挤压盆地中，层面滑移缝都是泥页岩中最基本的裂缝类型。

成岩收缩缝是指成岩过程中由于岩石收缩体积减小而形成的与层面近于平行的裂缝，形成这些裂缝的主要原因是干缩作用、脱水作用、矿物相变作用或热力收缩作用，与构造作用无关。成岩收缩裂缝包括脱水收缩缝和矿物相变缝。一般硅质含量较高的页岩在成岩过程中由于化学变化而发生收缩作用，从而形成广泛分布的成岩收缩缝。

有机质演化异常压力缝是指有机质在演化过程中产生局部异常压力是岩石破裂而形成的裂缝，有机质演化异常压力缝在有机碳含量较高的炭质泥页岩中普遍发育。这种裂缝一般缝面不规则、不成组系，多充填有机质，地下泥页岩超压微裂缝带在垂向上一般集中分布在一定的深度区间，在横向上呈区域性分布。

控制裂缝形成的因素复杂，从地质角度来看，主要受内因和外因两大因素控制。其中，外因主要包括区域构造应力、构造部位、沉积成岩作用和生烃过程产生的高异常地层压力；内因主要包括岩石、岩相和岩石矿物组成特征。在不同地区可能有不同的控制因素，因此，控制裂缝发育的因素具有复杂性和多样性。综合分析认为：

(1) 岩性和物性是控制裂缝发育的基础。一般来讲，碳酸岩矿物和硅质含量高的泥页岩因其脆性强易产生破裂，而碳酸岩矿物和硅质含量低则塑性表现明显，裂缝发育程度相对较低。在相似岩性条件下，随着孔隙度的增高岩石的抗压和抗张强度降低。因此，在相似的应力环境下物性好的致密泥页岩更容易发育裂缝。

(2)构造作用是裂缝形成的关键因素。构造应力高的地区,如背斜轴部、向斜轴部和地层倾末端,地层应力大且集中,裂缝相对较为发育。

(3)沉积成岩作用对非构造缝形成起控制作用。岩层在固结时由于失水而收缩,可能是大多数裂缝形成的初始原因。泥页岩中层间页理缝非常发育,这主要是沉积过程中水动力条件发生变化,加上沉积后固结时失水收缩而形成的。由于压实作用增加导致颗粒压裂形成的破裂缝和压溶作用形成的缝合线以及沿微裂缝两侧的粒间钙泥基质填隙物发生溶蚀所形成的溶缝很大程度上也是受沉积成岩作用的影响。此外,泥页岩在高演化阶段由于有机物质发生热解作用,局部形成异常高压膨胀,当压力达到临界值时岩石将发生破裂形成有机质演化异常压力缝。

综上所述,泥页岩中最主要的裂缝是构造缝和页理缝,页理缝在页岩和油页岩内广泛发育,构造缝主要以高角度构造裂缝为主,断裂带附近裂缝尤为密集,为泥岩油的主要储集空间。

二、泥页岩裂缝预测方法

泥页岩裂缝的识别方法主要有以下几种:一是地质法,利用泥页岩野外露头、钻井岩芯和岩石样品薄片识别裂缝,可以为泥页岩裂缝的研究提供第一手资料,但效率低,预测效果十分局限。二是应用测井资料识别裂缝,各种测井方法对裂缝都有不同程度的响应特征,如成像测井、密度测井、声波测井等均可识别泥页岩裂缝,但单一的测井裂缝分析,仅得到钻孔周围局部裂缝方位和分布规律。三是利用地震资料进行裂缝预测,目前地震对于页理缝预测难度较大,主要预测高角度构造缝。随着三维地震资料采集、处理技术的不断进步,地震资料中包含的地质信息越来越丰富,研发了叠前、叠后多种裂缝预测技术,其中叠后预测方法有相干、曲率、蚂蚁体、不连续性检测等裂缝预测技术。每一种方法都依据特定的原理,具有特定的应用条件,单一的方法很难正确识别和预测裂缝,需要结合多种地球物理方法,对研究结果进行相互验证,从而增加裂缝预测结果的可靠性。

1. 地震资料不连续性检测

运用叠后资料预测宏观断裂和宏观裂缝发育分布。通过计算地震数据体中相邻道与道之间的非相似性,形成反映地震道相似与否的新数据体。由于断裂及裂缝的存在,使地震剖面上原本逐道相干的数据突然中断,利用相干的不连续性实现检测断裂和宏观裂缝的目的。

算法原理:设选择一个分析数据体,沿 Inline 取 $2L_1$ 个数据点,沿 Crossline 取 $2L_2$ 个数据体,沿时间取 n 个样本点。不妨设这些数据均是归一化后的值。将这个数据体划分成 $L_1 \times L_2 \times n$ 的 4 个子数据体,每个子数据体的数据表示为 $\{a_i, i=1,2,3,4\}$,构造其互相关矩阵:

$$S = \frac{1}{L_1 L_2 n} \begin{Bmatrix} \boldsymbol{a}_1^T \boldsymbol{a}_1 & \boldsymbol{a}_1^T \boldsymbol{a}_2 & \cdots & \boldsymbol{a}_1^T \boldsymbol{a}_4 \\ \vdots & \ddots & \cdots & \cdots \\ \vdots & \vdots & \ddots & \vdots \\ \boldsymbol{a}_4^T \boldsymbol{a}_1 & \cdots & \cdots & \boldsymbol{a}_4^T \boldsymbol{a}_4 \end{Bmatrix} \tag{7-1}$$

矩阵对角线元素分别为 4 个子体的自相关,对角线之外的元素为 a_i 和 a_j 的互相关。这是一个对称矩阵。

局部结构熵的定义,点 $P(x,y,t)$ 处的局部结构熵:

$$\varepsilon(x,y,t) = \frac{\mathrm{tr}(\boldsymbol{S})}{||\boldsymbol{S}||} - 1 = \frac{\sum_{i=1}^{4} \boldsymbol{a}_i^T \boldsymbol{a}_i}{\sqrt{\sum_{i,j}^{4} (\boldsymbol{a}_i^T \boldsymbol{a}_j)^2}} - 1 \tag{7-2}$$

这里 x,y,t 分别表示沿 Inline、Crossline 和 Travel time 方向的值。

显然当4个子数据体完全相关时,即4个子数据体完全相同时,有 $tr(S) = ||S||$,并 $\varepsilon = 0$;一般地,有 $tr(S) \leqslant 2||S||$,并 $\varepsilon \leqslant 1$。而 $\varepsilon = 1$ 则表示子数据体完全不相关。

2. 蚂蚁追踪技术检测裂缝

蚂蚁追踪(ant tracking)技术是一种基于蚂蚁算法刻画地下断层和裂缝空间分布的技术,该技术克服了传统地震解释的主观性,保证了对井间裂缝和垂向裂缝描述的准确性,在裂缝空间分布规律的描述上具有明显的优势,可以有效检测中小尺度裂缝。

蚂蚁算法是模拟自然界中真实蚁群的觅食行为而产生的一种新型仿生类优化算法。蚂蚁在运动过程中,能够在它所经过的路径上留下一种称之为外激素的物质进行信息传递,而且蚁群能够感知这种物质,并以此指导自己的运动方向,因此由大量蚂蚁组成的蚁群集体行为便表现出一种信息正反馈现象:某一路径上走过的蚂蚁越多,则后来者选择该路径的概率就越大。蚂蚁追踪技术正是基于蚂蚁算法的原理,该技术的基本原理如下:在地震数据体中散播大量的蚂蚁,在地震属性体中发现满足预设断裂条件的断裂痕迹的蚂蚁将释放某种信号,召集其他区域的蚂蚁集中在该断裂处对其进行追踪,直到完成该断裂的追踪和识别。而其他不满足断裂条件的断裂痕迹,将不再进行标注,最终通过运算形成一个低噪音、具有清晰断裂痕迹的蚂蚁属性体。根据用户的不同需求,通过调整相应的参数设置,既可以清晰识别区域上的大断裂,又可以定性地描述地层中发育的小断层及裂缝,以满足勘探、开发不同研究阶段的要求。

蚂蚁追踪技术预测油藏大中尺度裂缝发育程度有以下4个步骤。

(1)前期地震资料处理,采用边缘检测手段(如构造平滑处理、混沌处理、做方差体等)增强地震数据在空间上的不连续性,并可通过降低噪音来任意限定地震数据体。

(2)产生地震蚂蚁属性体。蚂蚁追踪技术创立了一种全新的断裂系统属性,在预先设定的地质体内突出具有方位的断裂特征,然后进行运算并产生蚂蚁属性体。

(3)提取断片,同时进行验证和编辑。为了得到最终的断层和裂缝系统解释结果,需要对第(2)步产生的蚂蚁属性体进行断片提取,并进行评估、编辑和筛选。

(4)建立最终的中小尺度裂缝解释模型。

三、青山口组一段泥页岩裂缝预测结果

大情子井工区位于长岭凹陷中部的乾安次凹和黑帝庙次凹之间的构造鞍部,构造较为平缓。从平面上看,研究区发育北北东向断裂,呈左行雁列,自南向北断裂东倾,从西向东断层密集程度明显减弱。从地震剖面上看,青山口组断裂具有继承性。

青山口组一段暗色泥岩既是烃源岩又是储集岩,属于自生自储型生储组合。由于泥页岩孔隙度和渗透率都较低,如果有大量裂缝发育,则裂缝可以作为油气运移的重要通道。因此,裂缝发育是页岩油富集的重要因素,通过地震裂缝预测结果,可以优选出裂缝发育的泥页岩有利区。

青山口组一段底面不连续检测的平面图显示(图7-1),区内主要发育北北东向断裂,呈条带状沿南北向分布在研究区西部,东部发育少量断裂,中部断裂几乎不发育。裂缝主要发育在断裂周围,但在断裂不发育的中北部乾142井和黑160井附近也有所发育。

与不连续性平面图相比,蚂蚁体平面图(图7-2)识别出了更多的裂缝。除了断裂附近的裂缝发育较多,在断裂不发育的中部,尤其是乾142井附近,网状裂缝较为发育。

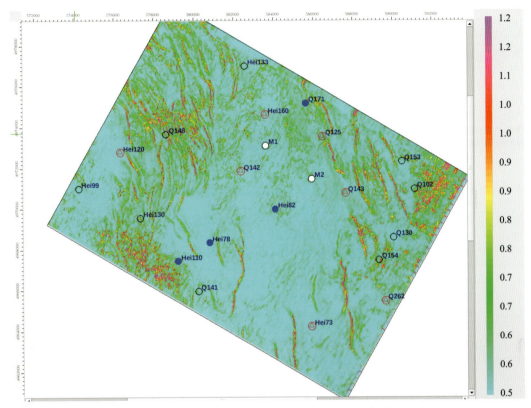

图 7-1 大情子井工区青山口组一段底面不连续性检测平面图

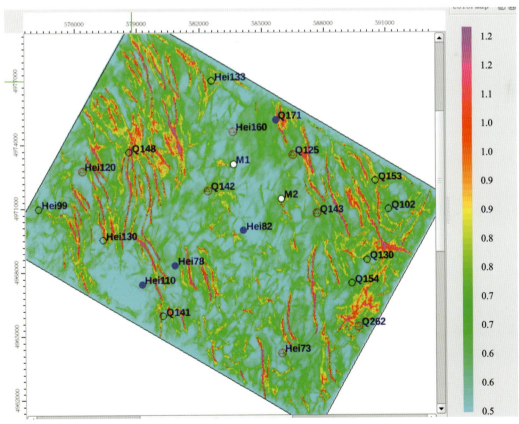

图 7-2 大情子井工区青山口组一段底面蚂蚁体平面图

从连井线蚂蚁体剖面图上也可以看到(图7-3),青山口组一段地层间发育大量微裂缝,高角度缝或近水平的层间缝形成网状裂缝条带。

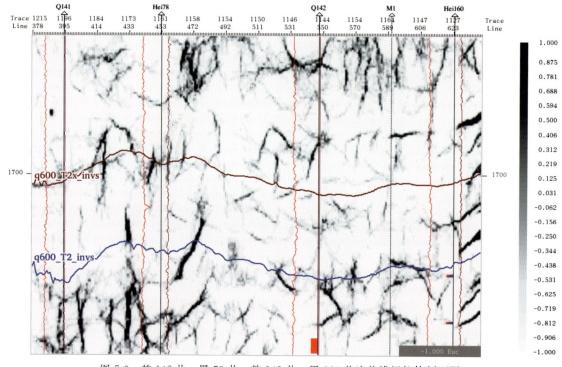

图7-3 乾142井—黑78井—乾142井—黑160井连井线蚂蚁体剖面图

断裂是油气的运移通道,但是对于自生自储的页岩油来说,大的断裂容易造成源内油气运移散失,而小规模的裂缝有利于泥页岩内部的油气运移。因此有利页岩油目标区是距离断裂有一定距离,且裂缝发育的区域。这些微裂缝的发育极大地改善了泥页岩储层孔渗条件,对于页岩油的勘探开发至关重要。

第二节 页岩储层含油气性检测

一、含油气检测原理

地震波在地层中传播时,其弹性能量不可逆地转化为热能而耗散,地震波的振幅产生衰减,子波形态不断变化。因此,在反射地震记录中除球面扩散和透射损失外,还存在着地层衰减和吸收衰减,这两者同时影响着地震波在实际地层中的传播,并且都是随频率而变化。Spencer(1985)的研究表明:地震波在地层中的衰减为地层衰减和吸收衰减之和,在大于10Hz时,随着频率的升高吸收衰减部分在两者中起主要作用。因此利用反射地震资料求取的地震波的衰减可以反映地层的吸收性质。实验室研究证明:地层的吸收性质对岩性的变化具有很高的灵敏性,尤其是对于介质内流体性质的变化具有明显的反应。

综合前人研究,对地震波传播情况下实际介质的吸收性质与岩性、频率的关系作如下归纳。

(1)地层对各类波的吸收与波的频率有关,随频率增加而增大,接近于线性关系。

(2)地层的吸收性质与地震波在地层内的速度之间存在反比关系,高速的岩石,吸收性弱;而低速的岩石,吸收性强。吸收性质如同地震波速一样,频散异常现象较弱。

(3)地层岩石吸收性质首先决定于岩石保存状态和内部结构。矿物颗粒和粒度对吸收性质影响不大;地层静压力随深度而加大,使岩石压紧、结构致密,引起吸收性变弱;受到破坏的岩石结构,将使它的吸收性增强。

(4)由固、液、气构成的多相介质中,对吸收性质影响最显著的是气态物质,在岩石孔隙饱和液中渗入少量气态物质,可以明显提高对纵波能量的吸收。

(5)对大多数地区,泥岩的平均吸收性比砂岩强,砂岩的吸收性比页岩和灰岩的吸收性强。砂岩含油气时,其吸收性显著增强。

(6)岩石的吸收性质还与其埋藏深度有关,随埋藏深度增加而减少。

由此可知地层吸收性质与岩相、孔隙度、含油气成分等有密切关系,在一定条件下可以用来直接预测石油和天然气的存在。

近年来,油气检测技术得到了大量应用,其技术、理论和方法也在不断完善和发展。一般来讲,可以通过叠前和叠后两种地震资料来进行分析(图7-4)。叠前油气检测的方法主要是基于叠前道集数据发展的叠前AVO油气预测技术,包括叠前AVO道集分析、叠前泊松比弹性反演技术、叠前AVO属性分析(流体因子、梯度、截距)等。而基于叠后数据进行油气检测主要是应用地层的吸收衰减特征,即"高频衰减"来实现,地层含油气后对地震波吸收衰减增强,特别是高频成分,其响应特征为地震主频降低,有效带宽减小,有效能量相对降低等。

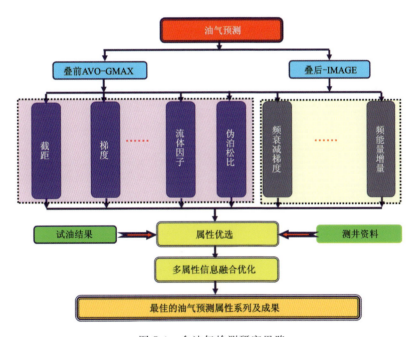

图 7-4　含油气检测研究思路

二、双相介质理论

目前叠后应用比较成熟的油气检测技术是基于双相介质理论的油气检测技术,进行含油气预测,根据双相介质具有的"低频共振、高频衰减"特性,采用小时窗三角滤波的方法,对给定时窗内的地震数据进行频谱分析,并在给定的高低频敏感段内对振幅谱进行能量累加计算,再对计算结果进行相减、相除计算,进而得到能够定性表征储层性质和油气富集程度的结果。这些结果能够灵活地以剖面或平面的形式进行显示。该技术无需已知井的约束,可以应用于油气勘探、开发的全过程。

单相介质波动方程不能完整描述油气储层中地震波传播规律,因为油气储层实际上是属于双相或多相介质。双相介质理论认为储层是由具有孔隙的固体骨架(固相)和孔隙中所充填的流体(流相)所组成的介质(图7-5)。

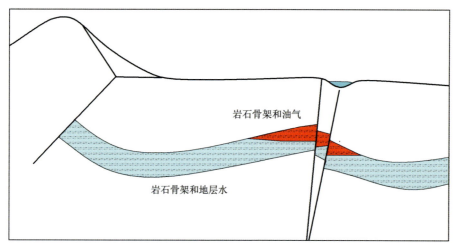

图7-5　双相介质与油气藏示意图

Biot理论认为,当地震波穿过双相介质(固相和流相)时,固相和流相之间产生相对位移,并发生相互作用,产生了第二纵波。第二纵波速度很低,且极性与第一纵波相反。实际上地震记录是第一纵波与第二纵波之间的叠加,其动力学特征与单相介质的不同。

设计含有不同介质的正演模型(图7-6),在模型中采用相同厚度的双相介质和低速低密度介质,并应用地震波场模拟技术对模型进行模拟。

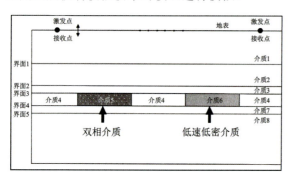
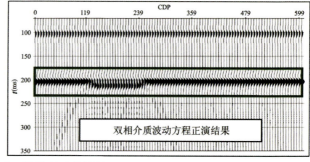

图7-6　不同介质正演模型及其结果

对上述正演结果进行频谱分析(图7-7)认为,当储层含有双相介质时出现低频增加、高频衰减的趋势。而低速低密度介质则没有该趋势,因此,模型验证了当储层含有油气时会出现"低频共振、高频衰减"的现象。

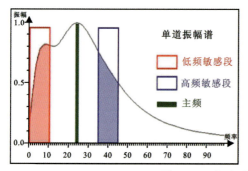
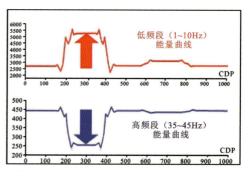

图7-7　双相介质正演模型频谱特征

三、基于双相介质理论的含油气检测方法

双相介质理论的含油气检测方法,首先在单井上进行分析,通过对油层段和干层段的频谱特征进行对比分析,明确油层段"低频增加、高频衰减"的频谱特征,优选出对流体反映敏感的属性,进而利用双相介质油气检测技术进行油气检测。

1. 衰减梯度属性

理论研究表明,当地质体中含有流体如油、气、水时,会引起地震波的散射和地震能量的衰减;断层、裂缝等的存在也会引起地震波的散射,造成地震能量的衰减。衰减属性是指示地震波传播过程中衰减快慢的物理量,是一个相对概念。通过衰减属性的分析可以反过来指示这些衰减因素存在的可能性和分布范围。当储层中孔隙比较发育而且饱含流体时,地震波中高频能量衰减比低频能量衰减要大。通过提取高频端的衰减梯度属性,可以间接检测储层含流体情况(图7-8)。

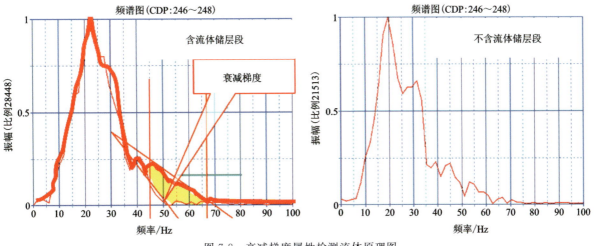

图 7-8 衰减梯度属性检测流体原理图

瞬时谱分析技术为我们提供了频率域地震波衰减属性分析的手段,一般来说,在高频段,在地质背景条件相同的情况下,由于油气的存在,使得地震信号的能量衰减增大,与不衰减的频率域特征相比,衰减后整个频带将向低频段收缩。能量衰减可以通过能量随频率的衰减梯度、指定能量比所对应的频率、指定频率段的能量比等物理参数来进行指示,不同的物理参数从不同的侧面反映油气存在的可能性。

衰减梯度是衰减属性之一,如图7-9红色箭头所示,它表示了高频段的地震波能量随频率的变化情况,可以指示地震波在传播过程中衰减的快慢。地震波的衰减,除地震波在多相介质反射界面处的反射机理以外,如果存在油气等衰减因素,则衰减梯度值增大。

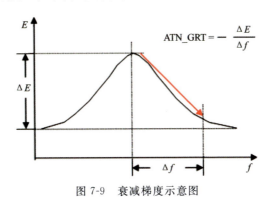

图 7-9 衰减梯度示意图

页岩油储层是典型的双相介质。研究发现,当流体为油气时,地震记录上具有更为明显的"低频共振、高频衰减"动力学特征。因此利用衰减梯度可以作为判断储层含油气性的判断依据。

2. 低频能量属性

地震波的频率成分是受迫振动的地层固有频率的叠加,各层的固有频率又与岩层的物理性质密切相关。所以当地层中含有油气时,由于弹性系数、阻尼系数、密度、速度发生大的变化,其固有频率显著改变。其固有频率的改变,表现在低频段上为低频共振能量增强,高频能量减弱的现象。也就是地震勘探上常说的"亮点"现象和"低频阴影"现象。因此,利用高低频能量变化的对比就可以直接进行油气检测。

高频衰减、低频增强相互印证,只有当两者均明显发生时,所预示的含油气性把握越大,如图 7-10 所示。

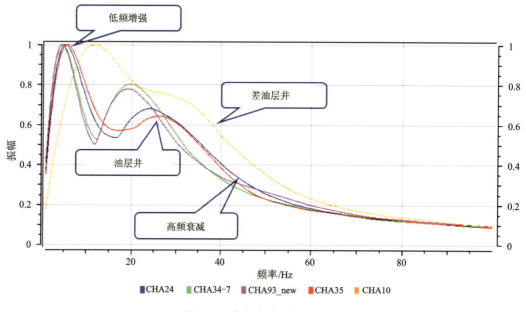

图 7-10 高频衰减和低频增强

在实际资料处理中,利用小波变换对资料进行分频处理,将地震波曲线分解,其次在时频域内对每个分解的小波的傅里叶谱求和,生成频率集,最后分选频率集,得到所需要的数据体。然后结合井资料的含油气信息求出地震资料中对油气敏感的高频信息和低频信息。

本次研究从过井的井旁道提取地震属性进行分析,共提取了 9 种属性,分别是总能量、最大能量、低频值、全频值、能量比、衰减梯度、衰减频率、低频能量及低频能量比。乾 262 井青山口组一段Ⅲ砂组在总能量、最大能量、衰减梯度相对于其他属性有异常反应(图 7-11),乾 130 井也具有类似的响应特征(图 7-12)。因此通过井旁道叠后敏感属性分析,认为总能量、最大能量、衰减梯度属性对流体检测敏感性较好,由于衰减梯度属性特征更为明显,层间区分明显,故重点选用衰减梯度及与之相关的衰减频率属性来表征。

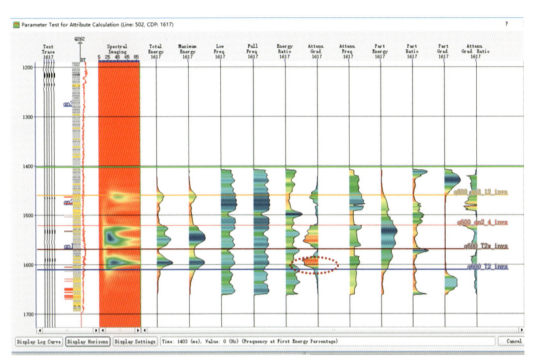

图 7-11　乾 262 井叠后敏感属性分析

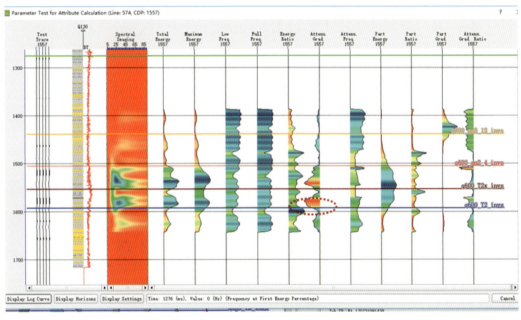

图 7-12　乾 130 井叠后敏感属性分析

四、青山口组一段泥页岩储层含油气检测结果

通过单井属性分析,确定衰减属性对流体检测敏感性较好,因此提取大情子井工区青山口组一段泥页岩衰减梯度和衰减频率属性(图 7-13、图 7-14)。两张属性图总体趋势一致,都在黑 82 井—乾 142 井—黑 160 井一带有较大的异常。

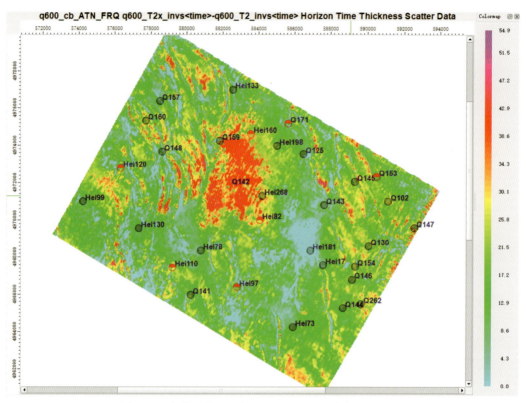

图 7-13　大情子井工区青山口组一段泥页岩衰减梯度图

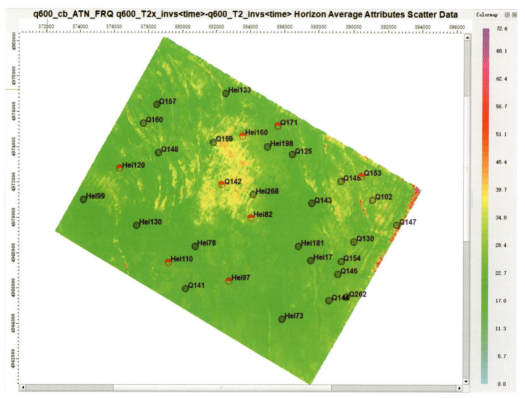

图 7-14　大情子井工区青山口组一段泥页岩衰减频率图

从青山口组一段试油成果数据来看,黑 73 井,试油深度 2 295.2~2 298.8m,产油 0.09t/d,产水 11.3 t/d;黑 160 井,试油深度 2 477.4~2 480.4m,产油 0.42t/d,产水 3.8t/d;黑 82 井,试油深度 2439~ 2444m,产水 5.8t/d,少量油;乾 142 井,试油深度 2 457.4~2480m,产油 0.224t/d,产水 0.48t/d。黑 73 井大量产水,在衰减梯度和衰减频率图上都位于无异常区;黑 82 井产少量油,在衰减梯度和衰减频率图上位于略有异常的区域;黑 160 井、乾 142 井分别产油 0.42t/d、0.224t/d,在衰减梯度和衰减频率图上位于明显异常区。

可见,衰减频率图指示的含油气性与实际试油结果较为吻合,可靠程度较高,因此认为在黑 82 井—乾 142 井—黑 160 井—带含油可能性较大。

第三节　页岩油"甜点"地球物理综合评价

页岩油"甜点"地球物理综合评价,是结合地质研究结果,综合地震预测的有利岩相区、裂缝发育区、脆性条件、含油气性等参数进行"甜点"平面综合评价,为井位部署提供重要的支撑和可靠的依据。

首先,根据波阻抗反演预测的泥页岩发育平面图,可以圈定页岩油有利储层发育区即泥页岩发育区(图 7-15)。由于研究区主要发育厚层泥页岩,局部地区夹薄层砂条,泥页岩波阻抗低于砂条波阻抗,因此图中绿色、蓝色区域为泥页岩发育区,红色、黄色区域为薄砂条发育区。整体来看,研究区南部、西部薄砂条较为发育,由南向北砂条逐渐减少,泥页岩逐渐变厚。

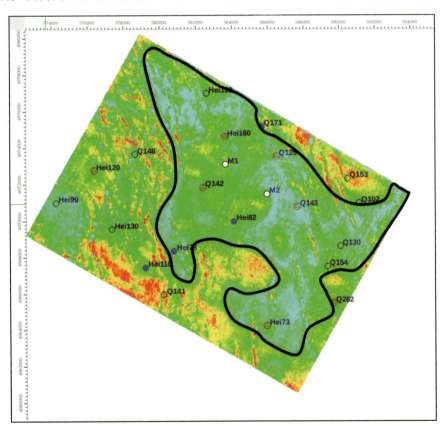

图 7-15　青山口组一段泥页岩发育平面图

其次,结合蚂蚁体裂缝预测图,在已圈定的泥页岩发育区内,圈出裂缝发育区(图 7-16),进一步缩小"甜点"区范围。

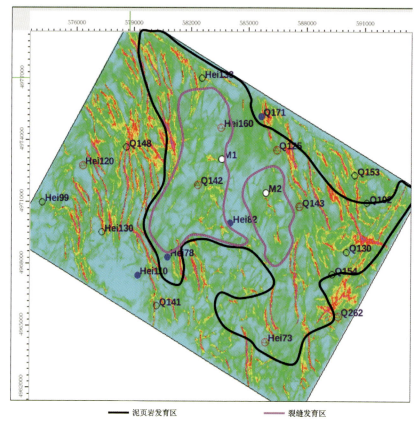

图 7-16　大情子井工区青山口组一段底面蚂蚁体裂缝预测平面图

最后,根据含油气检测图,在前述圈定的泥页岩发育区及裂缝发育区内,圈出可能的含油气区(图 7-17),综合评价,最终确定页岩油"甜点"目标区位于乾 142—乾 169—黑 160 一带,为井位部署和水平井设计提供了很好的支撑。

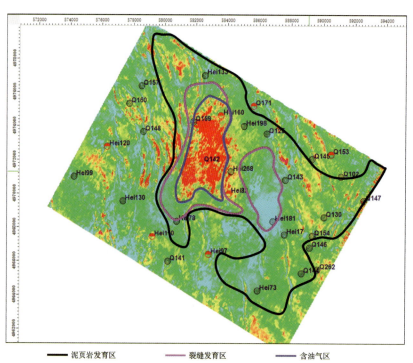

图 7-17　大情子井工区青山口组一段泥页岩衰减梯度图

第八章 深湖相页岩油工程技术实践

松辽盆地陆相页岩油资源潜力大,是重要的资源接替领域,长水平井精确钻探技术和大规模体积压裂技术是实现页岩油商业开发的关键技术。但由于青山口组陆相页岩黏土矿物含量高、非均质性强、层理发育等特点,在水平井钻探和压裂过程中存在水平井井壁稳定性差、难实现大规模体积压裂等问题。为解决工程关键技术难题,以松辽盆地青山口组富含油页岩层系为研究对象,通过地质-工程双"甜点"评价选准了钻探箱体及水平段穿行目标靶层,并设计了三段式台阶井轨迹,保证了水平井井筒安全,并充分沟通了目标"甜点"层;采用防塌、防漏钻井液体系,基于岩石流变建立地应力模型,预测了安全钻进泥浆密度窗口,确保了水平井安全高效钻进;构建地质-地球物理一体化精确导向模型,应用多参数实施导向技术钻准了超薄目标靶层;综合利用压裂模拟、微观分析等实验手段,查明超临界CO_2复合体积压裂具有降低页岩储层破裂压力、形成复杂缝网和溶蚀改善储层渗流通道的优势,首次在陆相页岩油领域创新设计并使用超临界CO_2复合体积压裂工艺;采用人工裂缝反演、不稳定试井、微地震监测、返排液分析、油源对比等技术进行压后效果评价,证实该项技术实现了高黏土含量、强非均质性陆相页岩层系大型体积压裂。两项技术联合使用支撑吉页油1HF井获得日稳产$16.4m^3$的高产工业页岩油流,取得我国陆相页岩油勘探重大突破,对我国同类型陆相页岩油长水平段精确钻探具有引领和借鉴意义。

第一节 青山口组深湖相页岩工程难点与技术风险

一、黏土矿物含量高,水平井钻探风险大

根据X射线衍射实验分析结果,青山口组页岩主要由黏土矿物和石英、长石等组成,含有少量的方解石、白云石。其中黏土矿物含量40%～60%,均值为47%,以伊利石和伊蒙混层为主(图8-1),远高于海相页岩和国内外其他陆相页岩(表8-1,图8-2)。黏土矿物含量高导致青山口组一段页岩在钻探过程中存在易水化、易膨胀、易分散等风险,易发生井壁坍塌。同时,黏土矿物含量高会造成储层塑性较强、可压性差,水力压裂无法形成复杂缝网,水基压裂液还会造成黏土矿物膨胀而堵塞储层孔喉,影响压裂效果。

表8-1 松辽盆地与国内其他含陆相页岩矿物成分对比数据表

盆地	层位	TOC	黏土矿物含量	数据来源
松辽盆地长岭凹陷	青山口组一段	4.1%	47%	本次研究
鄂尔多斯盆地	延长组七段	3.8%	28%	付金华(2019)
渤海湾盆地沧东凹陷	孔店组二段	5.2%	16%	赵贤正(2018)
准噶尔盆地吉木萨尔	芦草沟组	3.6%	13%	王小军(2019)
江汉盆地	潜江组	4.3%	10%	易积正(2019)

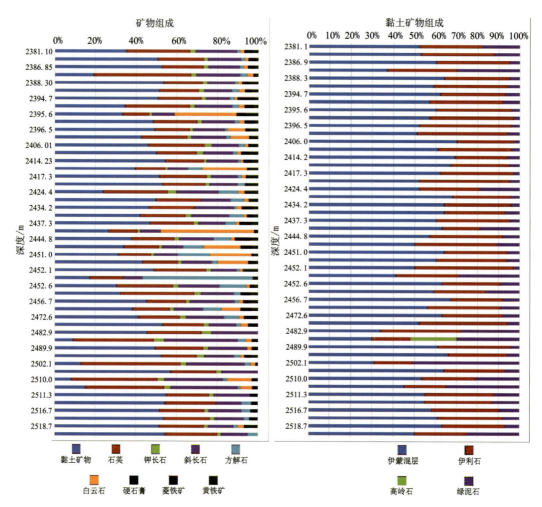

图 8-1 吉页油 1 井青山口组页岩全岩矿物及黏土矿物组成

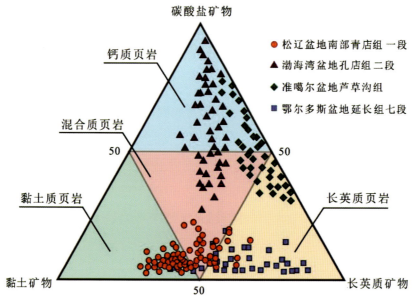

图 8-2 青山口组页岩与国内其他盆地陆相页岩矿物含量对比图

二、储层非均质性强,体积压裂困难

通过岩芯、薄片、扫描电镜、成像测井等分析发现,青山口组页岩裂缝较为发育[图8-3(a)],主要裂缝类型为层理缝和构造缝,其中层理缝发育密度较大,切割页岩成薄片状,裂缝间距为0.1~1.5cm,层理缝宽2~5μm[图8-3(b)、(c)]。构造裂缝主要为高角度裂缝,裂缝倾角为60°~80°[图8-3(d)],裂缝长度为10~100cm,裂缝密度为0.5~1条/m,成像测井解释裂缝宽度为0.2~1.5cm。构造裂缝和层理缝的密集发育,容易引起泥岩掉块、井壁坍塌,严重影响井筒安全性。同时,砂泥岩频繁互层,并且层理缝、隔夹层发育难,应力差异大,水平应力差异集中在9~14MPa之间,存在应力隔挡现象,裂缝纵向穿层高度受限,难以形成体积缝网。

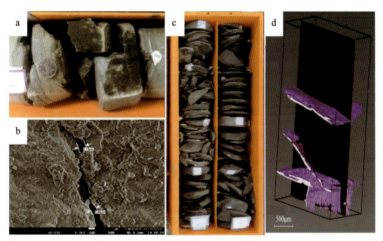

图8-3 吉页油1HF井青山口组一段页岩裂缝发育特征图

三、地层能量低,高产稳产难度大

由于后期差异构造抬升,松辽盆地青山口组地层压力分布差异较大。松辽盆地北部古龙凹陷地层压力相对较高,地层压力系数处于1.2~1.58之间。但是由于松辽盆地南部长岭凹陷抬升时期早且抬升幅度大,地层泄压严重,造成地层能量低,松辽盆地南部青山口组多以常压-弱超压为主,地层压力系数小于1.2,页岩油在开采过程中难以获得持续的能量供给,地层能量不足会造成返排困难,常规试油试采制度容易导致泄压过快,实现页岩油高产稳产的难度很大。

第二节 复杂页岩储层安全高效钻井技术

水平井单井页岩油产量与水平井长度呈正相关,为保证水平井沿高黏土矿物含量裂缝发育的纯页岩地层穿行长度,需要从水平井靶层优选、钻井液性能、水平井导向等几个方面考虑。水平井目标靶层需要优选为可钻性、可压性较好的砂层,钻井液需要选择防漏防塌泥浆体系,水平井导向要选择高精度低成本导向技术,诸多技术联合应用,才能保障陆相页岩油长水平井钻探。

一、水平井"甜点"靶层优选及轨迹设计

1. 地质+工程双"甜点"靶层优选

根据吉页油1HF井导眼段青山口组一段岩芯、岩相、含油性、物性、可动油占比、岩石力学性质、可钻性、可压性、裂缝发育程度等特征,对有利目标层和目标靶层进行了优选确定。自上而下共划分为3个层组(图8-4)。

1号层组发育层理发育型页岩岩相,有效储集空间以层理缝、基质微裂缝及局部发育的高角度缝为主,含油性好,孔隙度高,泊松比高,杨氏模量低,易于压裂,但由于黏土矿物含量高,层理和裂缝发育,可钻性较差,不宜作为水平井的主要穿行目标层。

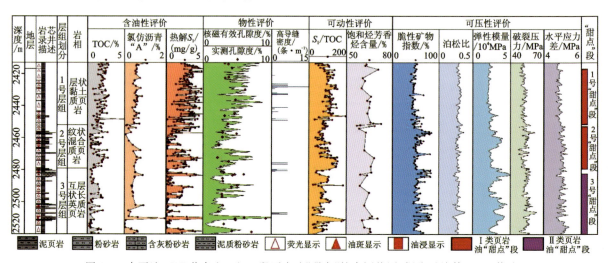

图8-4 吉页油1HF井青山口组一段页岩油"甜点"综合评价图(据张君峰等,2020修改)

2号层组发育纹层型页岩相,有效储集空间以粒间孔为主,可动烃含量高,约为55%,大孔径粒间孔占比高,为20%~30%,脆性矿物含量相对较高,约为60%,黏土矿物含量相对较低,约为40%,裂缝发育强度弱,地层完整性好,兼具良好的含油性、可动性、物性、可压性、可钻性等条件,属于地质+工程双"甜点"有利目标层,适合作为水平井穿行主要目标层。

3号层组发育互层型页岩相,有效储集空间为砂质纹层,与1、2号层组对比,其含油性、储层物性、可动油占等参数比较差,砂条发育,储层非均质性强,且位于青山口组一段的下部,水平井压裂很难实现纵向拓展,改造效果差。因此,不宜作为水平井的主要穿行目标层。

根据青山口组一段岩石力学性质和地应力解释结果,青山口组一段地应力、杨氏模量自上而下逐渐变大,人造裂缝主要向上拓展,因此为了充分改造含油气性最好的1、2号层组,目标靶层应尽量选择在2号层底部,同时必须保证水平井的可钻性和可压性,通过矿物组分、岩石力学性质等的对比分析,优选出2号层底部可钻性较好、厚1.94m的薄砂层作为水平井穿行的目标靶层(表8-2)。

2. 阶梯式水平井井身结构与井眼轨道设计

在确定了水平井的主要目标"甜点"层和穿行靶层的基础上,对水平井沿青山口组一段穿行的井轨迹进行了优化设计,主要思路为:①井轨迹以穿行2号层组为主,尽量兼顾整个青山口组一段1、3号层组,以获取3个层组的产能数据,为后期资源评价提供依据。②水平井主体部分要在选定的2号层组底

表 8-2 吉页油 1 井青山口组页岩各层组级目标靶层参数对比表

分层	S_1	可动油占比	核磁有效孔隙度	大孔径占比	黏土矿物	脆性矿物	泊松比	杨氏模量	脆性指数	裂缝
1 层组	2.87	40%	4.9	15%～25%	47.44	52.56	0.3	2.3	30.16	发育
2 层组	2.37	55%	4.28	20%～30%	39.62	60.36	0.28	3.13	40.38	欠发育
目标靶层	4.3	60%	5.0	40%	15%	85%	0.2	5	60	欠发育
3 层组	2.02	46%	4.1	15%～20%	38.7	62.59	0.24	3.97	45.38	欠发育

部 1.94m 厚的薄砂层中穿行，既有利于后期压裂效果最大化，又能确保安全高效钻进。按照地质-工程一体化评价思路，吉页油 1HF 井轨迹设计方案如下：整井采用三开井身结构，二开技术套管下至青山口组一段顶部，固封上部松散地层；青山口组一段全部采用三开钻进，油层套管完井。水平段采用阶梯式轨迹设计，首先，利用部分造斜段在 1 号层组中穿行 200m，专探 1 号层组页岩油潜力；其次，水平段主要穿行 2 号层组，以其底部 1.94m 厚的薄砂层为目标靶层，钻进 1000m，通过压裂改造向上探索 1、2 号层组的页岩油资源潜力；最后，设计下倾段在 3 号层组中钻进 200m，专探 3 号层组页岩油潜力（图 8-5）。

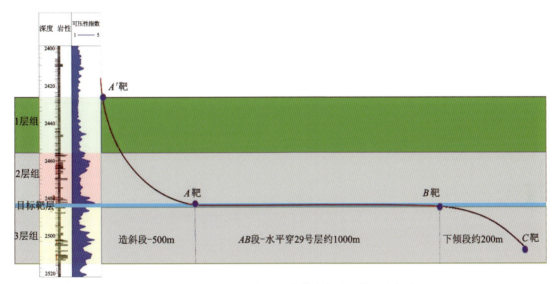

图 8-5 吉页油 1HF 井三开阶梯式水平段轨迹示意图

二、钻井液配方优选及性能优化

1.防塌、防漏钻井液体系优选技术

根据水平段地层特点及钻井技术难点，钻井液要保持强抑制、强封堵、较低的滤失量、薄而韧的泥饼、优良的造壁性和润滑性，以及良好的流变性和储层保护效果，保证安全快速钻进。通过钻屑回收率实验对水平井各开次的钻井液配方进行优选。二开选用强抑制 KCL 聚胺钻井液体系，三开采用油基钻井液体系，岩屑回收率试验表明，KCL 聚胺钻井液钻屑滚动后回收率可达 99.1%，油基钻井液钻屑滚动后回收率可达 99.8%（表 8-3）。

表 8-3　吉页油 1HF 井钻井液配方及钻屑回收率试验结果对比表

钻井液类型	基本配方	密度/(g/cm³)	黏度/s	失水/mL	滚动前质量/g	滚动后质量/g	回收率/%
清水	清水	1.0	—	—	10.03	9.65	96.2
KCL聚胺	清水+4%膨润土+0.2%Na₂CO₃+0.2%NaOH+0.3%包被剂 HP+0.5%乳液聚合物 PL+0.5%LV-CMC+0.3%聚胺+0.5%~1.0%防塌剂 PZ-7+0.5%~0.8%聚合物降滤失剂 COP-HFL+0.5%~1%NH4-HPAN+5%~7%KCL+1%~2%超细碳酸钙 QS-2+1%~2%磺化沥青 FT-1+1%~3%液体润滑剂	1.2~1.5	50~75	≤1.5	10.16	10.07	99.1
油基钻井液	基液(油水比 80:20)+2%有机土+3%生石灰粉+5%油包水主乳化剂+5%油包水辅乳化剂+5%油基降滤失剂(FT)+3%油基封堵剂(树脂类)+3%超细凝胶封堵剂+2%QS-1+2%QS-2+2%QS-3+重晶石	1.4~1.6	70~95	≤1.0	10.14	10.12	99.8

2. 基于地应力预测的钻井液性能优化技术

井眼稳定性是地应力、地层压力、岩石力学性质和泥浆密度等参数综合作用的结果。对于水平井而言，随着水平井方位和井斜角的不同，孔周应力环境变得更加复杂。根据偶极子声波、地层岩石力学、地层压力等参数，建立了基于流变模型的地应力剖面[图 8-6(a)]，目的层最小水平主应力为 42~53MPa，最大水平主应力为 56~63MPa，最大水平主应力方向为近东西向，根据水平井走向尽量垂直于最大主应力方向原则，确定吉页油 1HF 井钻探方位为 180°，同时，预测了水平井周向应力分布及对应的泥浆密度，获取了水平井不同位置、方位和井斜角条件下的泥浆密度窗口。预测结果显示，随着井斜角增大，防止井壁发生坍塌的临界钻井液密度逐渐增大。造斜段垂深 2000~2416m，井斜角为 0°~60°，以垂深 2399.4m 的位置为例，沿 180° 方位角，井斜角在 0°~60° 之间时，保证井筒安全的泥浆窗口密度为 1.20~1.55g/cm³[图 8-6(b)]；水平段垂深 2416~2520m，井斜角为 60°~90°，所需泥浆密度较大，泥浆密度窗口为 1.35~1.60g/cm³[图 8-6(c)]，为水平井施工提供了有效的参考。

三、薄目标靶层精确导向技术

1. 三维地球物理构造模型

水平井目标靶层平面展布、纵向起伏、沿井轨迹方向地层倾角的变化等参数的描述和预测，是精准导向的前提，需要获取高精度深度数据。本次研究充分利用三维地震解释的水平切片技术、相干体技术对小幅度构造的分布进行了精细刻画，在精细合成地震记录标定的基础上，通过精细井震联合统层、时深转换方法优选、速度场建立精度控制等技术，提高目标靶层构造图的精度，通过增加测网解释密度，完

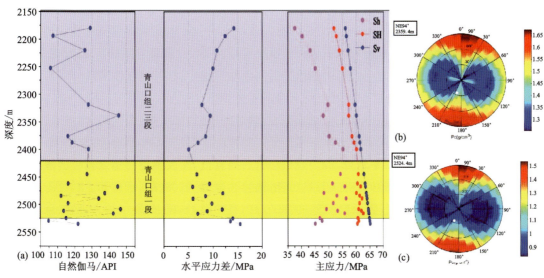

图 8-6　吉页油 1 井岩石流变模型地应力剖面和井二开、三开泥浆密度窗口预测

成等值线间距为 1m 高精度构造成图（图 8-7），对目标靶层在水平井轨迹方向的起伏变化及地层倾角进行了精细预测，实现由点到线、由线到面的空间立体综合解释，为水平井导向、定向提供了可靠的依据。

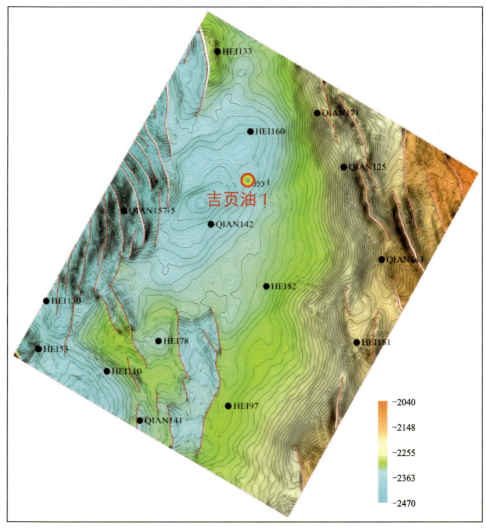

图 8-7　吉页油 1HF 井目标靶层顶面深度三维构造图

2. 地质综合导向模型

由于水平井目标靶层较薄,厚度仅有 1.94m,导向难度大,难以保证水平井沿目标靶层连续钻进 1000m 不出层,为了提高储层钻遇率,对目标靶层岩性、电性、含油气性等地层性质进行大比例尺精细描述,构建精细地质模型,将目标靶层在纵向上自上而下划分出 3 个小层,它们在岩性、气测总烃、电测伽马曲线上均呈现明显差别(图 8-8),可以作为精确导向的地质依据,此 3 小层具体岩电特征如下:1 号小层,岩性为粉砂岩,厚约 0.8m,低伽马值 80~90,气测总烃 0.8%~1.5%;2 号小层,岩性为泥质粉砂岩,厚约 0.2m,高伽马值 100~110,气测总烃 0.5%~1%;3 号小层,岩性为粉细砂岩,厚约 1m,低伽马值 70~80,气测总烃 1%~2.5%。基于以上差异,优选岩性录井、气测录井、伽马随钻测井 3 种随钻地质导向手段,结合地层倾角预测技术,构建基于实钻岩性、气测总烃、随钻伽马、地层倾角等参数为核心的导向地质模型,为水平井地质导向提供精细可靠的地质依据。

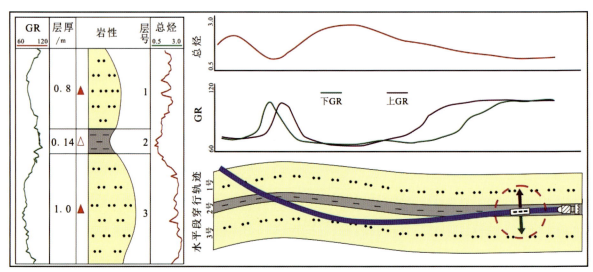

图 8-8 吉页油 1HF 井目标靶层小层精细划分及水平井导向综合模型

3. 多参数精确实时导向技术

本次导向工具选择兼顾考虑了导向工具的精确性、地层适应性和经济实用性,选择了 Schlumberger 公司 Path Finder 近钻头自然伽马测量工具进行随钻测量。该工具可以提供钻头处实时的井斜、伽马和转速,且伽马和井斜的零长较短,距钻头只有 0.6m,分为上、下两个短节,通过无线通信,传输数据,实时测得钻头处的井斜、伽马数据,使工程人员可根据地层变化及时调整轨迹。

随钻方位伽马测量仪将伽马传感器对称安装于钻铤表面,用以记录来自其对应地层的伽马射线。通过方位伽马实时数据可以对钻头距离目标靶层上、下界面距离做出判断,而进行实时调整。原理如下:当钻头从目标靶层顶部进层时,下伽马值首先降低,然后上伽马值降低;从顶部出层时,上伽马值首先抬起,然后下伽马值抬起;从底部进层时,上伽马值首先降低,然后下伽马值降低;从底部出层时,下伽马值首先抬起,然后上伽马值抬起;完全进层或出层后,上、下伽马值基本一致。

为更好地进行实时导向,采用了随钻方位伽马数据实时成像技术,首先将测量的伽马值进行插值处理,根据不同的色度标定方法预定义成像色谱,再将伽马值按照一定的规则刻度成对应颜色的色标数据(一般亮色代表低伽马值,暗色代表高伽马值),最后把伽马颜色数据按坐标位置显示出来,即可生成随钻伽马测井图像。利用随钻方位伽马以及伽马成像仪器,可以确定进入储层的最佳时机,提高油层穿透率和对井眼轨迹的控制能力(图 8-9)。

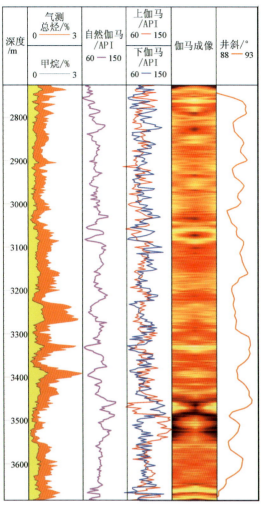

图 8-9 吉页油 1 井水平段多技术综合精确导向图

4. 应用效果

吉页油 1HF 井是松辽盆地南部页岩油勘查的第一口水平井，对松辽盆地陆相页岩油勘探具有重要引领意义。通过创新应用陆相页岩油地质工程一体化水平井精确钻探系列技术，吉页油 1HF 井实现水平段长度 1252m 的超长钻探目标，实钻轨迹与设计轨迹高度吻合，1.94m 目标靶层钻遇率 100%，目的层井径扩大率小于 6%，井身质量优质，并且水平段钻获 888m 油斑显示，为后期地层含油气性测试奠定了良好的基础。吉页油 1HF 井经过大规模体积改造，获得最高日产油量为 36m³，日稳产油 16.4m³ 的高产工业油流，取得中国陆相常压高黏土矿物含量页岩地层最高页岩油产量，实现了陆相页岩油战略调查重大突破。

第三节 超临界二氧化碳储层作用机理

超临界 CO_2 流体具有低黏度、强扩散性等特性，能够沟通水基压裂液不能进入的微纳级孔隙裂缝，增加地层弹性能和缝内净压，提高裂缝复杂程度，同时可溶于原油，降低原油黏度，并增加原油弹性能量,提高采收率。目前国内外已经进行了大量 CO_2 压裂的探索实践。本次研究针对青山口组泥页岩进行了一系列 CO_2 模拟实验,为实际压裂中应用 CO_2 提供了有力的理论支撑。

一、超临界 CO_2 理化性质

超临界 CO_2 是指温度和压力同时达到或超过临界温度和临界压力的 CO_2 流体,其具有许多独特的物理和化学性质。超临界 CO_2 流体黏度较低,表面张力为零,扩散系数高。相比于常规压裂液,其穿透力强,可以进入微孔隙和微裂缝中,有助于裂缝的起裂及扩展,使储层产生复杂的微裂缝网络。此外,超临界 CO_2 不含水,当它进入储层时,能够避免孔隙喉道堵塞、储层黏土膨胀、岩石润湿反转和水敏等危害的发生;同时,在其超强溶剂化能力作用下,能够溶解近井地带的碳酸盐矿物、重油组分和其他污染物,增大储层导流能力,减小近井地带油气流动阻力。

储层温度和压力是 CO_2 流体达到超临界状态(31.26℃,7.43MPa)的必要条件(图 8-10),地面液态 CO_2 温度为 $-20 \sim -10℃$,由于 CO_2 热容比较小,注入过程中吸热快,CO_2 流体快速升温。本井目的层温度 100℃,通过温度场的模拟,近井筒 9m 以上的位置,温度都能超过 31℃,本井地层压力 25MPa 左右,因此液态 CO_2 在井底具备达到超临界态的条件。

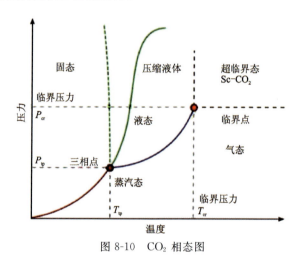

图 8-10 CO_2 相态图

二、实验方法

1. 宏观压裂模拟实验

选取相近深度、相同岩性的两组青山口组页岩岩芯,对其中一组样品进行超临界 CO_2 浸泡,浸泡温度为 80℃,浸泡时间 2h,另一组样品不浸泡,作为对照组。浸泡完成后,对未浸泡和浸泡后的样品进行三轴模拟压裂实验,观察岩石破裂情况,记录岩石破裂压力及时间,观察分析不同压裂条件下岩石产生的裂缝发育和分布情况。

2. 微观孔喉改造实验

选取 4 组青山口组页岩样品进行超临界 CO_2+蒸馏水浸泡模拟,根据长岭凹陷青山口组实际地层温度和压裂施工参数,设计岩样的浸泡温度为 80℃,浸泡压力为 20MPa。每组实验样品均先注入超临界 CO_2,后续注入蒸馏水,4 组实验的浸泡时间分别为 0d、1d、5d 和 15d,浸泡结束后取出样品进行扫描

电镜观察和高压压汞实验来分析孔隙结构的变化,分析描述不同浸泡时间下超临界 CO_2 + 蒸馏水液体组合对页岩储层微观孔喉的改造效果。

三、作用机理

通过实验证实,超临界 CO_2 + 水力复合压裂对松辽盆地青山口组陆相页岩具有 3 个明显的作用,改造效果显著。

(1)显著降低页岩破裂压力。压裂模拟实验结果表明,未浸泡超临界 CO_2 的页岩样品在进行压裂模拟时,其破裂压力为 35MPa,破裂时间为 530s,而浸泡超临界 CO_2 的页岩样品破裂压力降为 19MPa,破裂时间减小为 460s,超临界 CO_2 的使用使页岩的破裂压力降低了 16MPa,降幅达到 45.7%,破裂时间缩短了 70s,降幅 13.6%,显示出超临界 CO_2 可以有效降低松辽盆地青山口组页岩的破裂压力(图 8-11)。因此,前期小排量注入超临界 CO_2 进行预压裂可降低压裂破岩难度,有利于页岩地层起裂,同时改善储层的非均质性,增加纵向穿层能力,形成更加复杂的缝网。

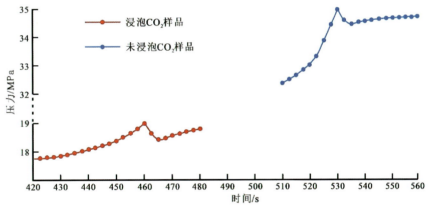

图 8-11 超临界 CO_2 复合压裂与水力压裂破裂压力对比图

(2)穿透造缝能力强,易形成复杂缝。超临界状态 CO_2 分子之间作用力极弱,表面张力极低,流动性极强,可以进入孔喉半径很小的孔隙和开度很小的弱面,在大排量注入条件下,可降低岩石非均质性对于压裂液流动方向的导向作用,更容易大范围充分打碎储集体,实现基质渗流。通过压裂模拟后岩芯样品观察对比,发现未浸泡超临界 CO_2 的样品只产生了少量的宏观和微观裂缝,形态单一,未贯穿整个样品,裂缝沟通范围有限(图 8-12a),而浸泡了超临界 CO_2 的样品在压后出现多条裂缝,且形态复杂,缝网贯穿整个样品,裂缝沟通范围远大于前者(图 8-12b)。证实了超临界 CO_2 可以有效提高裂缝的复杂程度,更大范围地沟通页岩储层,为提高页岩油的产量提供了更加有利的条件。

(3)改善储集层条件,增加储集层渗流能力。青山口组页岩样品超临界 CO_2 + 蒸馏水浸泡实验表明,在不同的浸泡时间内,页岩样品的微观形态和孔隙结构发生了显著的变化。微观形态上,随着浸泡时间的增加,页岩中的碳酸盐矿物发生了明显的溶蚀作用,孔径持续增大,并且可以促进黏土矿物收缩,形成大量微裂缝[图 8-12(c)、(d)、(e)]。孔喉结构上,随着浸泡时间的增加,样品微观孔喉半径均明显增大,出现了 100~10 000nm 的孔隙(图 8-13),远超出页岩油渗流的有效孔喉半径下限(30nm)。在浸泡微观实验过程中,同时进行了 XRD 测量,定量表征页岩矿物成分随浸泡时间的变化情况,结果表明,随着在超临界 CO_2 中浸泡时间的增长,页岩中方解石、白云石等碳酸盐矿物的含量呈明显降低趋势(图 8-14),而且对白云石溶解更加显著,石英、长石等矿物的相对含量变化不大。可见,超临界 CO_2 与水混合后,形成的酸性溶液能对页岩中的碳酸盐岩产生显著的溶蚀作用,形成大量溶蚀孔洞,并且可以引起黏土矿物收缩形成大量微裂缝,增加孔喉半径,形成人造裂缝+溶孔、溶缝网络,有效改善页岩储层的渗流通道,增加超低渗透页岩储层的导流能力。

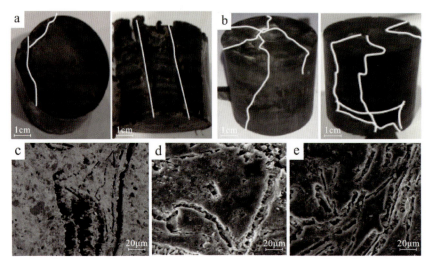

图 8-12　超临界 CO_2 复合压裂与水力压裂裂缝形态与微观特征对比图

a. 未浸泡样品压裂后宏观裂缝形态；b. 浸泡样品压裂后宏观裂缝形态；c. 原始样品；d. 浸泡 1 天后样品；e. 浸泡 5 天后样品

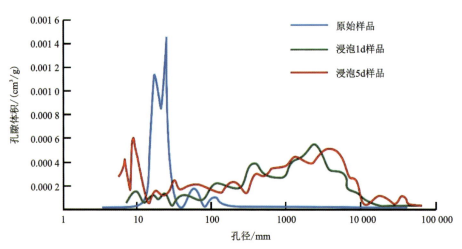

图 8-13　超临界 CO_2 浸泡不同时间页岩孔喉变化对比图

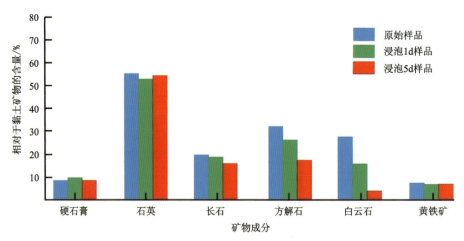

图 8-14　超临界 CO_2 浸泡不同时间页岩矿物成分变化对比图

第四节 超临界二氧化碳复合压裂工艺实践及改造效果分析

一、压裂实践

针对页岩油改造难点,结合吉页油1HF井页岩油储层特点,对压裂工艺、压裂液体系、支撑剂、泵注程序等施工参数进行了针对性优化设计。考虑松辽盆地页岩油储层非均质性强、黏土含量高、纵向拓展难等因素,采用"超临界CO_2+高黏胶液+低黏滑溜水+中黏线性胶+高黏胶液"的液体体系(图8-15),前期采用少量交联冻胶造缝一方面降低液体滤失,提高造缝效率,另一方面提高纵向改造效果;中期采用滑溜水和线性胶提高裂缝复杂性,沟通天然微裂缝和次生裂缝;后期采用少量交联冻胶携带较高浓度支撑剂提高近井裂缝导流能力。

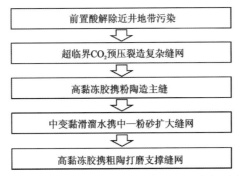

图8-15 超临界CO_2大型复合压裂设计流程图

吉页油1HF井于2019年6月23日至2019年7月7日完成21段压裂施工,施工排量12~18m^3/min,施工压力48.2~85MPa,泵送及小压用液量2 449.5m^3;主压裂液量34 808.17m^3,其中低黏液体占比70%,高黏冻胶占比30%;液态CO_2用量3265m^3;酸液用量58m^3;总加砂量1 978.56m^3,其中70/140石英砂占比31%,40/70陶粒占比55%,30/50陶粒占比14%(表8-4,图8-16)。

表8-4 主压裂施工参数汇总表　　　　　　　　　　　　　　　　　　　　　　单位:m^3

段数	滑溜水	线性胶	交联液	总液量	70/140 石英砂	40/70 陶粒	30/50 陶粒	总砂量	CO_2用量	酸液
1	1200	665.97	300	2 165.97	28.6	12.76	0	41.36	0	0
2	488	605	989	2082	8	26.8	0	34.8	0	0
3	1145	108	453	1706	25.6	58	0	83.6	120	0
4	421	325	616	1362	23.9	56.9	5	85.8	125	0
5	323	411	527	1261	22.7	47.8	10	80.5	0	15
6	529	518	353	1400	32.6	53	7.5	93.1	200	0
7	413	488	535	1436	28.5	48.5	23.4	100.4	120	0
8	1133	340	400	1873	43	45.5	11.9	100.4	200	0
9	731	620	573	1924	38	61.5	21.7	121.2	260	0

续表 8-4

段数	滑溜水	线性胶	交联液	总液量	70/140 石英砂	40/70 陶粒	30/50 陶粒	总砂量	CO_2用量	酸液
10	900	325	504	1729	39.7	65.6	15	120.3	200	0
11	597	854	555.2	2 006.2	32.9	71.1	26.2	130.2	100	0
12	830	368	684	1882	41.6	68.4	25.5	135.5	260	0
13	691	554	484	1729	31.8	58.4	11	101.2	200	0
14	654	772	350	1776	31.9	46.7	21.5	100.1	100	0
15	1000	187	450	1637	34.7	50.3	16.5	101.5	150	0
16	980	199	390	1569	31	49	22	102	150	0
17	884	185	460	1529	30	60	11	101	150	0
18	1080	131	340	1551	31.5	50.5	19.5	101.5	150	0
19	897	227	390	1514	30	53	18	101	260	0
20	378	227	582	1187	13	50.4	7.7	71.1	260	20
21	687	147	655	1489	14.4	57.6	0	72	260	23
合计	15 961	8 256.97	10 590.2	34 808.17	613.4	1 091.76	273.4	1 978.56	3265	58

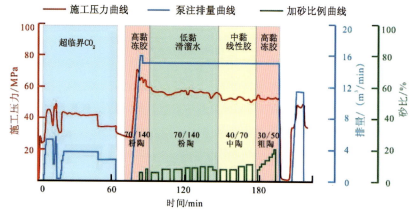

图 8-16 吉页油 1HF 井第 10 段压裂泵注曲线图

二、压后改造效果分析

为系统评价超临界 CO_2 复合体积改造工艺应用效果,采用人工裂缝反演、不稳定试井技术、微地震监测技术、返排液水分析、油源对比等技术,对压裂人工裂缝纵向穿层情况、超临界 CO_2 作用、体积压裂效果等进行评价。

1. 降低破裂压力效果明显

吉页油 1HF 井水平井压裂 21 段,除第 1、2、5 段未进行超临界 CO_2 预压裂,其余 18 段均使用。选取岩性、造斜度、施工排量相近的第 1、2 段(未使用)和第 20、21 段(使用)进行施工压力对比分析(图 8-17),未使用超临界 CO_2 进行预压裂,页岩地层的起裂压力在 80MPa 左右,施工压力为 70~75MPa,施工难度很大,使用超临界 CO_2 进行预压裂之后,页岩地层的起裂压力降低为 55MPa 左右,施工压力为 48~52MPa,施工难度大幅度降低。整体对比,超临界 CO_2 预压裂可以使页岩地层的起裂压力和整体施工压力降低 20~30MPa,降低幅度达 30%~45%,与上文压裂模拟实验结果吻合,证明该工艺可以有效降低陆相页岩地层的破裂压力。

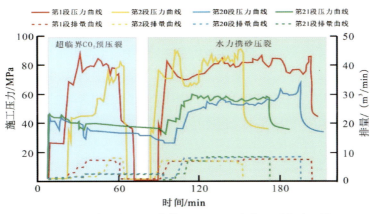

图 8-17 吉页油 1HF 井第 1、2、20、21 段施工压力对比图

2. 实现了复杂缝网改造

1)裂缝反演及不稳定试井证据

利用 MEYER 软件对裂缝扩展的情况进行了压后反演,结果显示裂缝高度范围为 50.5~68.9m,平均高度 57m,裂缝半缝长 170~220m,平均半长 195m;根据压后不稳定试井计算结果,有效支撑裂缝半缝长 190m(表 8-5),与反演模拟的缝长一致,证实压裂后有效支撑裂缝的纵向拓展可达 60m,平面拓展可达 200m,实现了纵向穿层和横向扩展。同时,通过不稳定试井测得,吉页油 1HF 压后缝网导流能力为 $1170 \times 10^{-3} \mu m^2 \cdot m$,地层平均有效渗透率 $0.463 \times 10^{-3} \mu m^2$,表明页岩储层改造充分,大大提高了致密页岩储层的导流能力。

表 8-5 吉页油 1HF 压后地层参数

序号	项目	双对数分析	单位
1	井筒储集系数 C	0.168	m^3/MPa
2	总表皮系数 S	−6.66	—
3	地层系数 kh	38.1	$\times 10^{-3} \mu m^2 \cdot m$
4	平均有效渗透率	0.463	$\times 10^{-3} \mu m^2$
5	裂缝半缝长(Xf)	190	m
6	导流能力 FC	1170	$\times 10^{-3} \mu m^2 \cdot m$
7	探测半径	133	m
8	油相渗透率	0.058	$\times 10^{-3} \mu m^2$
9	水相渗透率	0.061	$\times 10^{-3} \mu m^2$

2)微地震监测证据

微地震监测数据显示,吉页油1HF井压裂段整段微地震事件总数3093个,事件数量较多,波及范围较广,整体21段微地震事件波及长度可达934m,波及宽度570m,上下波及高度平均159m,也侧面证实本次压裂达到了横向扩展、纵向穿层的改造效果。

吉页油1HF井的21段压裂施工过程中,除第1段、第2段、第5段外,其余共18段均采用了超临界CO_2小压,通过第14段和第5段压裂过程中微地震事件对比发现,前后两类压裂工艺效果明显不同,使用超临界CO_2预压裂的压裂段(第14段),在预压裂阶段即出现密集的微地震事件,且分布范围广,后期水力压裂阶段微地震事件只是在前者的基础上进一步扩大化和复杂化,未使用超临界CO_2预压裂的压裂段(第5段),在水力压裂前期基本不出现微地震事件,之后形成的微地震事件数量和范围也远小于前者(图8-18)。同时,经过统计计算,产生一个微地震事件所需超临界CO_2量为6.5m³,而所需水量为30m³(图8-19),超临界CO_2压裂事件产生效率约是水力压裂的4.6倍。证明使用超临界CO_2预压裂造复杂缝能力远远大于水力压裂,可以使地层在短时间内迅速形成复杂缝网,达到体积改造目的。

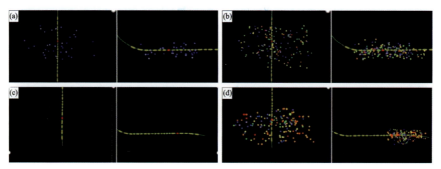

图8-18 吉页油1HF井第14段和第5段压裂过程中微地震事件监测对比图
(a)第14段超临界CO_2预压裂阶段产生微地震事件;(b)第14段水力压裂阶段产生微地震事件;
(c)第5段超临界CO_2预压裂阶段产生微地震事件;(d)第5段水力压裂阶段产生微地震事件

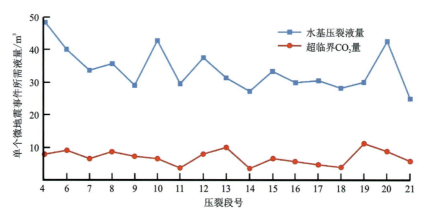

图8-19 吉页油1HF井不同压裂段单个事件所需液量和CO_2量对比图

为直观证实超临界CO_2复合体积改造工艺的优势,选取距离吉页油1HF井5km的乾265井进行微地震监测对比,乾265井也是一口针对青山口组一段页岩层系的水平井,与吉页油1HF井具有相同地质条件和相近的改造长度,采用常规的大型水力压裂工艺,施工规模与吉页油1HF井水力压裂阶段的规模相近,最大区别是未进行超临界CO_2预压裂。微地震监测结果对比表明,吉页油1HF井微地震事件波及范围更广、更复杂,计算波及高度可达62m,有效储层改造体积(SRV)达2824万m³,而乾265井微地震事件分布范围较小,且形态单一,各压裂段之间有明显的界线,相互连通性较差,计算波及高度为 31m,有效储层改造体积(SRV)达 1428 万 m^3(图 8-20)。证实超临界 CO_2 大型复合储层改造工艺效果显著,缝网复杂程度高、波及范围大,有效改造体积相比常规大型水力压裂可提高 2 倍以上。

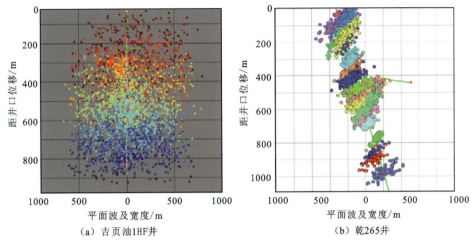

图 8-20　吉页油 1HF 井与乾 265 井压后微地震事件分布对比图

3)原油油源对比证据

对吉页油 1HF 井所产原油的生物标志化合物进行了化验分析,将原油的生物标志化合物与吉页油 1 井青山口组一段 1、2、3 层组烃源岩的生物标志化合物进行对比,发现萜烷、藿烷与甾烷生物标志物特征区别明显:吉页油 1HF 井所产原油与 1 号层组和 2 号层组泥岩具有较好的可对比性(图 8-21),证实吉页油 1HF 井所产原油来源于青山口组一段 1、2 号层,1、2 号层在纵向上深度跨度为 70m。基于此结果分析认为,吉页油 1HF 井水平井压裂的人工压裂缝充分沟通了整个青山口组一段页岩地层,纵向沟通范围可达 70m,实现了强非均质性地层的纵向穿层。

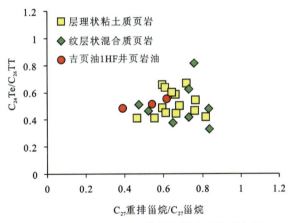

图 8-21　吉页油 1HF 井所产原油油源对比图

3. 溶蚀作用显著,有效提高渗流能力

由于压裂后无法取得地层中岩石样品进行分析,但在压后返排过程中通过地层水分析获得返排液的成分变化,分析了不同返排阶段返排液中的离子成分变化。结果表明,在返排开始阶段,随着返排时间的增加,返排液中的 Ca^{2+} 和 Mg^{2+} 含量呈逐渐增加的趋势,返排 5d 后,Mg^{2+} 含量开始下降,随后返排至 10d 左右,Ca^{2+} 含量也开始下降,二者逐步趋于稳定(图 8-22),该现象表明,对页岩地层进行超临界 CO_2 复合体积压裂之后,超临界 CO_2 与压裂液作用形成酸性流体,对地层中的碳酸盐胶结物产生了溶蚀

作用,造成返排液中的 Ca^{2+} 和 Mg^{2+} 含量急剧增加,后期随着临界 CO_2 的消耗,返排液中的 Ca^{2+} 和 Mg^{2+} 含量趋于稳定,证实超临界 CO_2 水力压裂在微观尺度上对页岩油储层具有溶蚀改造作用,可大幅提高页岩油储层的渗流能力。

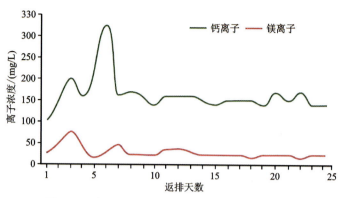

图 8-22 吉页油 1 井返排液钙、镁离子浓度变化图

总之,通过超临界 CO_2 复合体积改造工艺的有效设计和应用,有效沟通了吉页油 1HF 井青山口组厚约 70m 的富含油页岩层系,压后测试获得最高日产油 $36m^3$,日稳产油 $16.4m^3$ 的高产工业油流,获得中国陆相常压高黏土矿物含量页岩地层最高页岩油产量,实现了陆相页岩油战略调查重大突破。

主要参考文献

崔宝文,陈春瑞,林旭东,等,2020.松辽盆地古龙页岩油甜点特征及分布[J].大庆石油地质与开发,39(3):45-55.

崔宝文,赵莹,张革,等,2022.松辽盆地古龙页岩油地质储量估算方法及其应用[J].大庆石油地质与开发,41(3):14-23.

杜金虎,胡素云,庞正炼,等,2019.中国陆相页岩油类型、潜力及前景[J].中国石油勘探,24(5):560-568.

付金华,牛小兵,淡卫东,等,2019.鄂尔多斯盆地中生界延长组长7段页岩油地质特征及勘探开发进展[J].中国石油勘探,24(5):601-614.

高瑞祺,1984.泥岩异常高压带油气的生成排出特征与泥岩裂缝油气藏的形成[J].大庆石油地质与开发,3(1):160-167.

高有峰,王璞珺,程日辉,等,2009.松科1井南孔白垩系青山口组一段沉积序列精细描述:岩石地层、沉积相与旋回地层[J].地学前缘,16(2):314-323.

葛荣峰,张庆龙,王良书,等,2010.松辽盆地构造演化与中国东部构造体制转换[J].地质论评,56(2):180-195.

郭少斌,曲永宝,王树学,1998.陆相盆地层序及体系域模式:以松辽盆地西部斜坡为例[J].地质科技情报,17(4):38-43.

何文渊,2022.松辽盆地古龙页岩油储层黏土中纳米孔和纳米缝的发现及其意义[J].大庆石油地质与开发,41(3):1-13.

何文渊,崔宝文,王凤兰,等,2022.松辽盆地古龙凹陷白垩系青山口组储集空间与油态研究[J].地质论评,68(2):693-741.

何文渊,蒙启安,冯子辉,等,2022.松辽盆地古龙页岩油原位成藏理论认识及勘探开发实践[J].石油学报,43(1):1-14.

侯启军,冯志强,冯子辉,2009.松辽盆地陆相石油地质学[M].北京:石油工业出版社.

黄文彪,邓守伟,卢双舫,等,2014.泥页岩有机非均质性评价及其在页岩油资源评价中的应用:以松辽盆地南部青山口组为例[J].石油与天然气地质,35(5):704-711.

黄振凯,陈建平,王义军,等,2013.利用气体吸附法和压汞法研究烃源岩孔隙分布特征:以松辽盆地白垩系青山口组一段为例[J].地质论评,59(3):587-595.

黄振凯,陈建平,王义军,等,2013.松辽盆地白垩系青山口组泥岩微观孔隙特征[J].石油学报,34(1):30-36.

李吉君,史颖琳,黄振凯,等,2015.松辽盆地北部陆相泥页岩孔隙特征及其对页岩油赋存的影响[J].中国石油大学学报(自然科学版),39(4):27-34.

李捷,王海云,1996.松辽盆地古龙凹陷青山口组泥岩异常高压与裂缝的关系[J].长春地质学院学报,26(2):138-145.

李捷,王海云,张文宾,1995.松辽盆地古龙凹陷青山口组泥岩裂缝成因分析[J].世界地质,14(3):

52-56.

李士超,张金友,公繁浩,等,2017a.松辽盆地北部上白垩统青山口组泥岩特征及页岩油有利区优选[J].地质通报,36(4):654-663.

李士超,张金友,公繁浩,等,2017b.松辽盆地北部青山口组一、二段泥岩七性特征及页岩油有利区优选[J].地质论评,63(S1):71-72.

李微,庞雄奇,赵正福,等,2018.松辽盆地青山口组一段常规与非常规油气资源评价[J].中国海上油气,30(5):46-54.

李艳,张秀顾,逮晓喻,等,2013.松辽盆地上古生界烃源岩特征及有效性分析[J].地球科学与环境学报,35(4):39-47.

刘合,王峰,张劲,等,2014.二氧化碳干法压裂技术:应用现状与发展趋势[J].石油勘探与开发,41(4):466-472.

刘和甫,梁慧社,李晓清,等,2000.中国东部中新生代裂陷盆地与伸展山岭耦合机制[J].地学前缘,7(4):477-486.

柳波,吕延防,冉清昌,等,2014.松辽盆地北部青山口组页岩油形成地质条件及勘探潜力[J].石油与天然气地质,35(2):280-285.

柳波,石佳欣,付晓飞,等,2018.陆相泥页岩层系岩相特征与页岩油富集条件:以松辽盆地古龙凹陷白垩系青山口组一段富有机质泥页岩为例[J].石油勘探与开发,45(5):828-838.

蒙启安,林铁锋,张金友,等,2022.页岩油原位成藏过程及油藏特征:以松辽盆地古龙页岩油为例[J].大庆石油地质与开发,41(3):24-37.

蒲秀刚,金凤鸣,韩文中,等,2019.陆相页岩油甜点地质特征与勘探关键技术:以沧东凹陷孔店组二段为例[J].石油学报,40(8):997-1012.

秦梦华,王中鹏,2014.松辽盆地长岭坳陷上白垩统页岩油有利区优选及资源潜力[J].科学技术与工程,14(31):209-215.

宋明水,刘惠民,王勇,等,2020.济阳坳陷古近系页岩油富集规律认识与勘探实践[J].石油勘探与开发,47(2):1-11.

孙龙德,刘合,何文渊,等,2021.大庆古龙页岩油重大科学问题与研究路径探析[J].石油勘探与开发,48(3):453-463.

孙钰,孙贺龙,2008.松辽盆地南部长岭凹陷上白垩统沉积有机相研究[J].应用基础与工程科学学报,16(4):537-545.

王广昀,王凤兰,蒙启安,等,2020.古龙页岩油战略意义及攻关方向[J].大庆石油地质与开发,39(3):8-19.

王伟明,2013.页岩油气资源潜力评价标准建立及应用[D].大庆:东北石油大学.

王玉华,梁江平,张金友,赵波,等,2020.松辽盆地古龙页岩油资源潜力及勘探方向[J].大庆石油地质与开发,39(3):20-34.

薛海涛,田善思,卢双舫,等,2015.页岩油资源定量评价中关键参数的选取与校正:以松辽盆地北部青山口组为例[J].矿物岩石地球化学通报,34(1):70-78.

曾花森,霍秋立,张晓畅,等,2022.松辽盆地古龙页岩油赋存状态演化定量研究[J].大庆石油地质与开发,41(3):80-90.

曾维主,宋之光,曹新星,2018.松辽盆地北部青山口组烃源岩含油性分析[J].地球化学,47(4):345-353.

张建深,郭庆福,冯子辉,1991. 松辽盆地青山口组一段泥岩生烃、排烃特征与油气藏的形成关系[J]. 大庆石油地质与开发,10(1):6-10.

张金川,林腊梅,李玉喜,等,2012. 页岩油分类与评价[J]. 地学前缘,19(5):322-331.

张君峰,许浩,赵俊龙,等,2018. 中国东北地区油气地质特征与勘探潜力展望[J]. 中国地质,45(2):260-273.

张文军,胡望水,官大勇,等,2004. 松辽裂陷盆地反转期构造分析[J]. 中国海上油气,16(4):15-19.

赵贤正,周立宏,蒲秀刚,等,2018. 陆相湖盆页岩层系基本地质特征与页岩油勘探:以渤海湾盆地沧东凹陷古近系孔店组二段一亚段为例[J]. 石油勘探与开发,45(3):1-10.

赵贤正,周立宏,蒲秀刚,等,2019. 断陷湖盆湖相页岩油形成有利条件及富集特征:以渤海湾盆地沧东凹陷孔店组二段为例[J]. 石油学报,40(9):1013-1029.

周立宏,蒲秀刚,肖敦清,等,2018. 渤海湾盆地沧东凹陷孔二段页岩油形成条件及富集主控因素[J]. 天然气地球科学,29(9):1323-1332.

周志,阎玉萍,任收麦,等,2017. 松辽盆地页岩油勘探前景与对策建议[J]. 中国矿业,26(3):171-174.

卓弘春,林春明,李艳丽,等,2007. 松辽盆地北部上白垩统青山口-姚家组沉积相及层序地层界面特征[J]. 沉积学报(1):29-38.

FENG Z,JIA C,XIE X,et al.,2010. Tectonostratigraphic units and stratigraphic sequences of the nonmarine Songliao Basin, northeast China[J]. Basin Research,22(1):79-95.

HUANG Z K,CHEN J P,WANG Y J,et al.,2013. Characteristics of micropores in mudstones of the Cretaceous Qingshankou Formation,Songliao Basin[J]. Acta Petrolei Sinica,34(1):30-36.

JARVIE D M.,2012. Shale resource systems for oil and gas:Part2-Shale-oil resource systems[J]. Shale Reservoirs-Giant Resources for the 21st Century,97:89-119.

LI J J,SHI Y L,HUANG Z K,et al.,2015. Pore characteristics of continental shale and its impact on storage of shale oil in northern Songliao Basin[J]. Journal of China University of Petroleum (Edition of Natural Science),39(4):27-34.

LIU B,WANG H,FU X,et al.,2019. Lithofacies and depositional setting of a highly prospective lacustrine shale oil succession from the Upper Cretaceous Qingshankou Formation in the Gulong Sag, northern Songliao Basin,Northeast China[J]. AAPG Bulletin,103:405-432.

WANG W M,2013. Establishment and application of evaluation criteria of shale oil and gas resources potential:A case of Souther Songlio Basin[D]. Daqing:Northeast Petroleum University.

WANG C,SCOTT R W,WAN X,et al.,2013. Late Cretaceous climate changes recorded in Eastern Asian lacustrine deposits and North American Epieric Sea Strata[J]. Earth-Science Reviews,126:275-299.